工业和信息化精品系列教材

U0734237

PHP+MySQL
项目化教程

微课版

刘海 陶南 ◎ 主编
刘昌平 刘晓林 赵曦 ◎ 副主编

PHP AND MYSQL
PROJECT TUTORIAL

人民邮电出版社
北 京

图书在版编目（CIP）数据

PHP+MySQL项目化教程 : 微课版 / 刘海，陶南主编
. -- 北京 : 人民邮电出版社，2025.8
工业和信息化精品系列教材
ISBN 978-7-115-63849-6

Ⅰ. ①P… Ⅱ. ①刘… ②陶… Ⅲ. ①PHP语言－程序
设计－高等学校－教材②SQL语言－程序设计－高等学校－
教材 Ⅳ. ①TP312.8②TP311.132.3

中国国家版本馆CIP数据核字(2024)第046536号

内 容 提 要

本书是一本基于项目导向和任务驱动的"教学做一体化"教材。本书以一个电子商务网站项目为载体，内容对接 PHP 软件开发工程师的岗位要求。

本书共分三个部分、十个任务，第一部分为项目基础，包含任务一至任务三，介绍运行环境搭建、PHP 基础语法、数据库设计等；第二部分为项目编码开发，包含任务四至任务八，针对项目的各个部分进行编码开发；第三部分为项目的高阶开发，包含任务九和任务十，介绍 Laravel 框架和 PHP 接口开发。

本书适合作为高等教育本、专科院校计算机相关专业的教材，也可作为教育部"1+X 证书"Web 前端开发职业技能等级考试的教材，还可供 PHP 编程爱好者自学使用。

◆ 主　编　刘　海　陶　南
　　副主编　刘昌平　刘晓林　赵　曦
　　责任编辑　范博涛
　　责任印制　王　郁　焦志炜
◆ 人民邮电出版社出版发行　　北京市丰台区成寿寺路 11 号
　　邮编　100164　电子邮件　315@ptpress.com.cn
　　网址　https://www.ptpress.com.cn
　　三河市君旺印务有限公司印刷
◆ 开本：787×1092　1/16
　　印张：15　　　　　　　　　　2025 年 8 月第 1 版
　　字数：359 千字　　　　　　　2025 年 8 月河北第 1 次印刷

定价：59.80 元

读者服务热线：(010)81055256　印装质量热线：(010)81055316
反盗版热线：(010)81055315

前　言

PHP（Page Hypertext Preprocessor，页面超文本预处理器），是一种通用开源服务器端脚本语言，其语法吸收了 C 语言、Java 语言和 Perl 语言的语法特点，易于学习、应用广泛，主要适用于 Web 开发领域。与其他的编程语言相比，PHP 将程序嵌入 HTML 文档中执行，提高了执行效率，从而使代码运行得更快。

一、教学建议

在学习本书前，读者应该具备 HTML、JavaScript 方面的基础知识。建议用书教师采用"教学做一体化"的教学模式，可以先把项目静态页面下发给学生，让学生在静态页面的基础上逐步实现项目的所有功能模块。

本书提供丰富的教学资源，读者可以充分利用教学资源进行自学。教学资源网址为 www.ryjiaoyu.com。

二、本书特色

1. 国家在线精品课程配套教材

本书为国家在线精品课程配套教材，读者可登录"学银在线"网站，搜索"使用 PHP 开发 Web 应用系统"即可查阅精品课程的相关内容。

2. 以项目为载体

为了使读者具备 PHP 软件开发工程师的职业技能，本书以一个完整的电子商务网站项目为载体来组织教学内容，从理论到实战、循序渐进。通过对本书的学习，读者可以掌握电子商务网站项目的开发流程，积累丰富的项目实战经验。

3. 体现分层思想

本书在任务四中利用分层思想，把访问数据库的代码独立出来，写成数据访问层的函数，以便读者在后面开发时调用。

4. 代码规范、注释详尽

为了方便读者阅读和理解程序代码，书中代码采用规范的编写格式，并在关键处添加了详细的注释。同时，本书配套资源提供了完整的项目代码，供读者使用。

5. 对接教育部"1+X 证书"Web 前端开发职业技能等级考试

本书对接教育部"1+X 证书"Web 前端开发职业技能等级考试中 PHP 的相关考点，包含 PHP 相关语法、面向对象，以及 Laravel 框架等知识。

6. 产教融合

本书编写团队由学校资深教师和企业工程师组成，学校资深教师具有多年一线教学实践经验，企业工程师具有 10 年以上 PHP 开发经验。

7. 立体化教学资源、创新教材形态

本书提供丰富的教学资源，包括微课视频、教学课件、"1+X 证书" Web 前端开发职业技能等级考试模拟题等。本书将教材、课堂、教学资源、教学方法四者融合，有利于教师开展混合式教学，提升学生的学习兴趣和学习便利性。

由于编者水平有限，书中难免存在疏漏，敬请读者斧正。

编者

2025 年 7 月

目 录

任务三

乐 GO 商城数据库设计 ··· 63

任务四

乐 GO 商城数据访问层开发 ………………………………… 90

任务五

乐 GO 商城前台商品展示模块开发 ……………………………… 119

任务十

PHP 接口开发·· 219

任务一
乐GO商城体验及开发环境搭建

01

学习目标

➢ 职业能力目标

1. 能根据需求进行系统分析。
2. 能根据需求进行系统设计。
3. 具有独立搭建Windows下XAMPP环境的能力。

➢ 知识目标

1. 理解Web网站运行原理。
2. 了解系统设计的原理。
3. 掌握系统设计的步骤。
4. 能熟练搭建XAMPP开发环境。
5. 了解常用的PHP编辑环境。

1.1 任务引导

随着Internet的发展，网络购物已经成为常态，电子商务类网站成为互联网上应用最广泛的网站类型之一，例如当当网目前已经发展成一个综合性的电子商务网站。

本书将带领读者开发一个乐GO商城项目，在开发项目之前，首先需要对商城进行分析，弄清楚商城应包括的内容、用户可以使用的功能、用户购物的流程，以及管理员后台模块的主要功能。

商城的功能包括前台功能和后台功能两个部分。其中，商城前台功能是指普通浏览者在网站可以看到和使用的一些功能，例如注册、登录、浏览商品、购买商品等；商城后台功能是指网站管理员使用的一些功能，用于完成对商城的维护、管理等操作，例如商品管理（添加、修改、删除、查询）、订单管理等。

1.2 知识准备

【微课视频】

1.2.1 PHP 简介

PHP（Page Hypertext Preprocessor，页面超文本预处理器）于 1994 年由拉斯马斯·勒德尔夫（Rasmus Lerdorf）创建，是一种通用开源服务器端脚本语言，可以实现强大的交互功能，易于学习，使用广泛，主要适用于 Web 开发领域。

PHP 是目前很受欢迎的 Web 开发语言之一，国内应用 PHP 技术开发的网站非常多，很多大型网站选择 PHP 作为自己的主要开发技术，例如新浪网（Sina）、百度（Baidu）等。与其他脚本语言相比，PHP 在执行效率、开源免费、跨平台等方面都具有较大的优势，主要体现在以下几个方面。

- ◆ PHP 可在不同的平台上运行，如 Windows、Linux、UNIX、macOS 等。
- ◆ PHP 与目前绝大多数正在被使用的服务器相兼容，如 Apache、IIS 等。
- ◆ PHP 提供了广泛的数据库支持。
- ◆ PHP 是免费的，可从 PHP 官网下载。
- ◆ PHP 易于学习，并可高效地运行在服务器端。

1.2.2 Apache 简介

Apache 是一个开源组织的名称，该组织开发了很多优秀的开源软件，其中就包括 Apache HTTP Server（简称 Apache）。Apache 自创建以来，成长迅速。其由于支持跨平台并具有较高安全性而被广泛使用，目前已是世界上使用量排名第一的 Web 服务器软件。Apache 作为一个开源软件，被来自世界各地的开发者持续不断地更新和开发，得以适应需求的变化。Apache 具有安装免费、配置简单、速度快、性能稳定、易于配置、支持多平台等特点，并可作为代理服务器。与其他 Web 服务器软件相比，其主要优点体现在以下几个方面。

- ◆ 可以运行在绝大多数的计算机平台上。
- ◆ 支持 HTTP/2。
- ◆ 简单且强有力的基于文件的配置（httpd.conf）。
- ◆ 支持公共网关接口（Common Gateway Interface，CGI）。
- ◆ 支持虚拟主机。
- ◆ 支持 HTTP（Hypertext Transfer Protocol，超文本传送协议）认证。
- ◆ 集成 Perl 语言。
- ◆ 集成代理服务器。
- ◆ 可以通过 Web 浏览器监视服务器的状态，可以自定义日志。
- ◆ 支持服务器端包含（Server Side Includes，SSI）命令。

◆ 支持安全套接字层（Secure Socket Layer，SSL）。

◆ 具有用户会话过程的跟踪能力。

◆ 支持快速公共网关接口（FastCGI）协议。

◆ 支持 Java 服务器端小程序（Java Servlet）。

1.2.3　MySQL 简介

MySQL 是一个流行的关系数据库管理系统（Relational Database Management System，RDBMS），由瑞典 MySQL AB 公司开发，目前是 Oracle 旗下产品。MySQL 将数据保存在不同的表中，而不是将所有数据放在一个大仓库内，这提升了其速度和灵活性。

MySQL 所使用的 SQL 是用于访问数据库的最常用的标准化语言。MySQL 软件采用了双授权政策，分为社区版和商业版。MySQL 社区版的性能卓越，搭配 PHP 和 Apache 可建立良好的开发环境。由于 MySQL 体积小、速度快、成本小且开放源码，因此一般中小型网站都选择 MySQL 作为网站数据库。

1.2.4　PHP 网站运行原理

（1）静态网站运行原理

用户通过浏览器向 Web 服务器发出请求，Web 服务器根据请求的 URL（Uniform Resource Locator，统一资源定位符）找到指定的页面，并将该页面返回给客户端浏览器，浏览器将页面呈现给用户。静态网站主要涉及 HTML（Hypertext Markup Language，超文本标记语言）、CSS（Cascading Style Sheets，串联样式表）等编程语言，这些语言可以在浏览器上解释运行。

（2）动态网站运行原理

为了更形象地说明动态网站的运行原理，可以将网站比作住房，如图 1-1 所示。

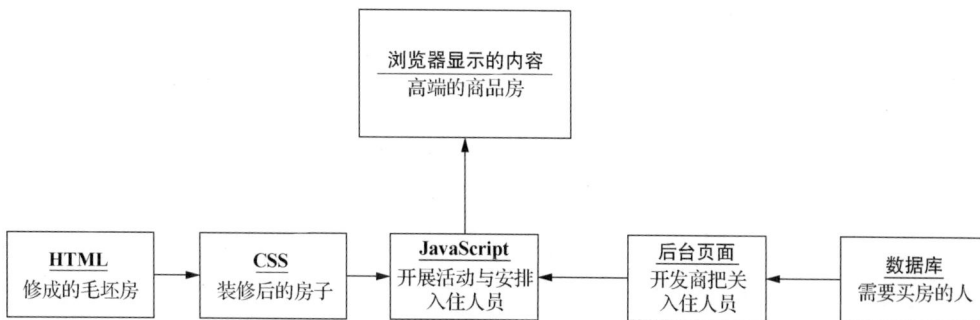

图 1-1　将网站比作住房

由于基于 PHP 的动态网站浏览器不能解释 PHP 代码等服务器端脚本，所以 PHP 网站的运行过程中增加了 PHP 代码的编译、运行，以及 PHP 与数据库的交互操作。PHP 网站的运行原理如图 1-2 所示。

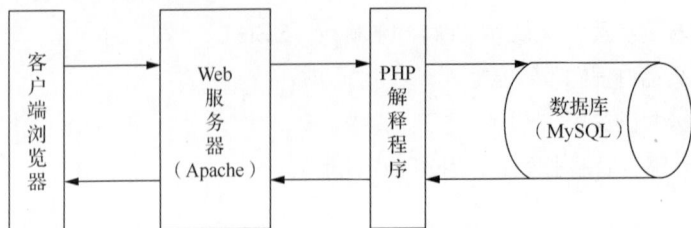

图 1-2　PHP 网站的运行原理

　　用户通过客户端浏览器发出 URL 请求访问一个 PHP 文件，Web 服务器收到请求后，将 PHP 文件委托给 PHP 解释程序处理，并编译、运行文件中的 PHP 代码。如果 PHP 文件包含操作数据库的代码，就需要与数据库进行数据交互处理，PHP 文件运行完毕后，再由 Web 服务器将只包含静态代码的 PHP 文件交给客户端浏览器以呈现给用户。

1.3　任务实施

子任务 1-1　乐 GO 商城体验

【微课视频】

　　下面根据乐 GO 商城的运行效果图介绍乐 GO 商城的主要功能。

　　首先，用户在用户注册页面（如图 1-3 所示）输入个人相关信息，单击"注册"按钮，即可创建一个乐 GO 商城账号。

图 1-3　用户注册页面

　　然后，在登录页面（如图 1-4 所示）输入创建的乐 GO 商城账号的用户名和密码，单击"登录"按钮，即可进入商城购物。

图1-4 登录页面

登录成功后，可在商城的商品推荐页面（如图 1-5 所示）和商品详情列表页面（如图 1-6 所示）浏览并选择一款想购买的商品，单击商品推荐页面中的商品或单击商品详情列表页面的"购买"按钮，即可进入购买页面。

图1-5 商品推荐页面

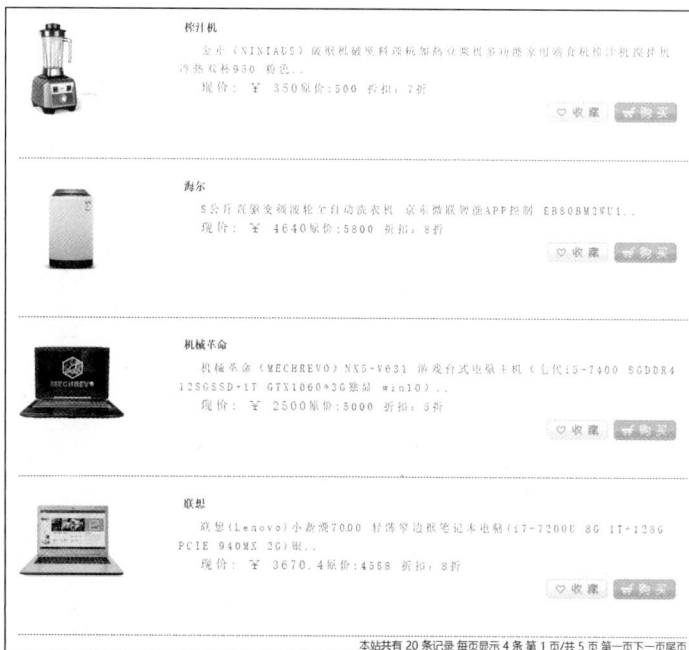

图1-6 商品详情列表页面

例如，单击"联想"的"购买"按钮，进入购买页面，如图 1-7 所示，在购买页面中选择商品的规格、分期等信息后，单击"加入购物车"按钮。

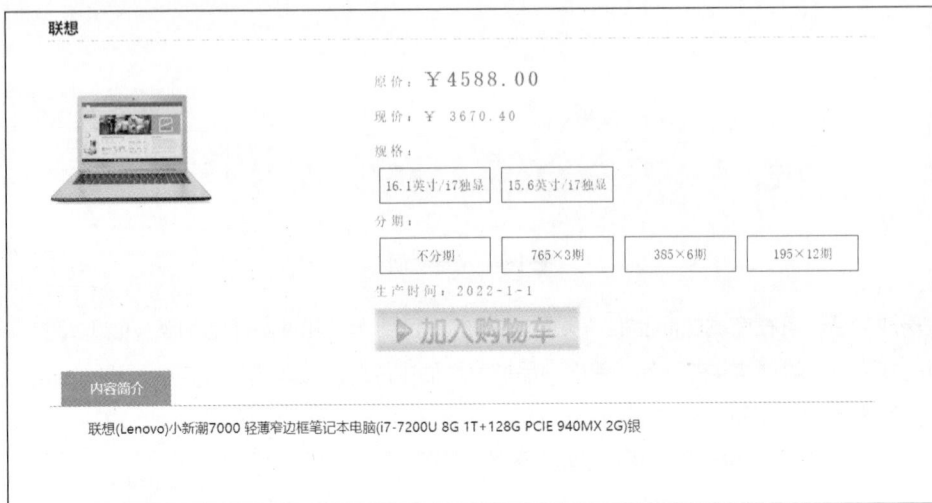

联想

原价：￥4588.00

现价：￥3670.40

规格：

| 16.1英寸/i7独显 | 15.6英寸/i7独显 |

分期：

| 不分期 | 765×3期 | 385×6期 | 195×12期 |

生产时间：2022-1-1

▶ 加入购物车

内容简介

联想(Lenovo)小新潮7000 轻薄窄边框笔记本电脑(i7-7200U 8G 1T+128G PCIE 940MX 2G)银

图1-7　购买页面

将商品加入购物车后，可以打开购物车管理页面，如图 1-8 所示。在该页面中可以修改商品数量或者取消商品。修改商品数量如图 1-9 所示。单击购物车管理页面中的"结算"按钮，将直接转到填写收货人信息页面，如图 1-10 所示。填写好订单的收货人信息后，单击"提交订单"按钮，即可完成购物。

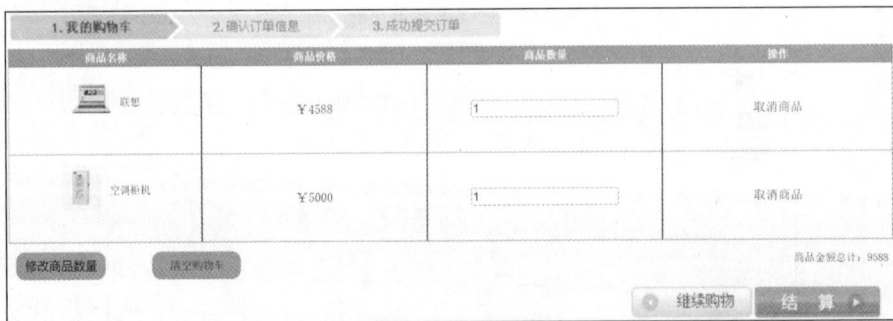

图1-8　购物车管理页面

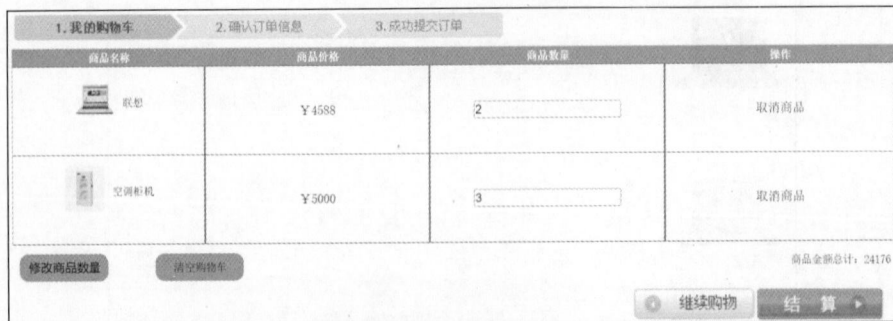

图1-9　修改商品数量

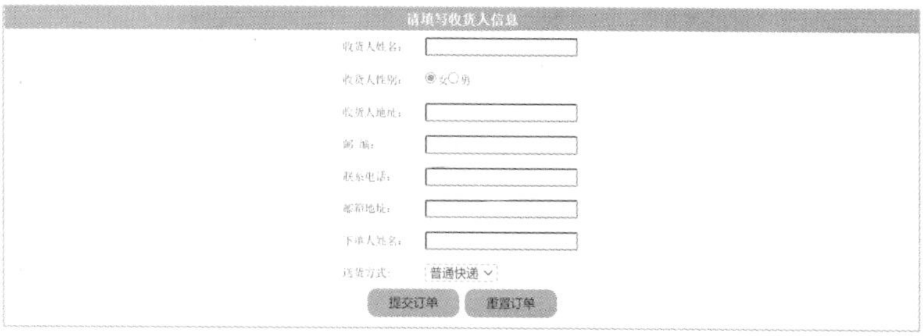

图 1-10　填写收货人信息页面

用管理员账号登录，即可进入乐 GO 商城的后台管理界面。管理员可以进行各种针对商品的增删改查操作，如图 1-11～图 1-13 所示。

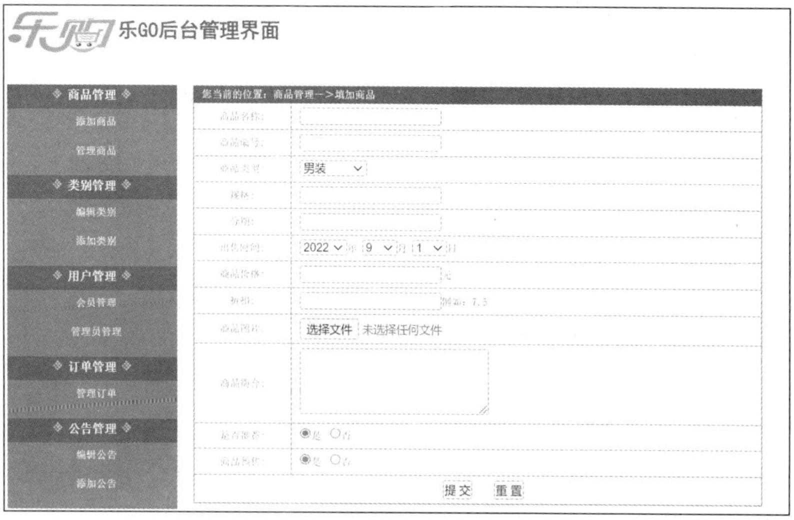

图 1-11　添加商品页面

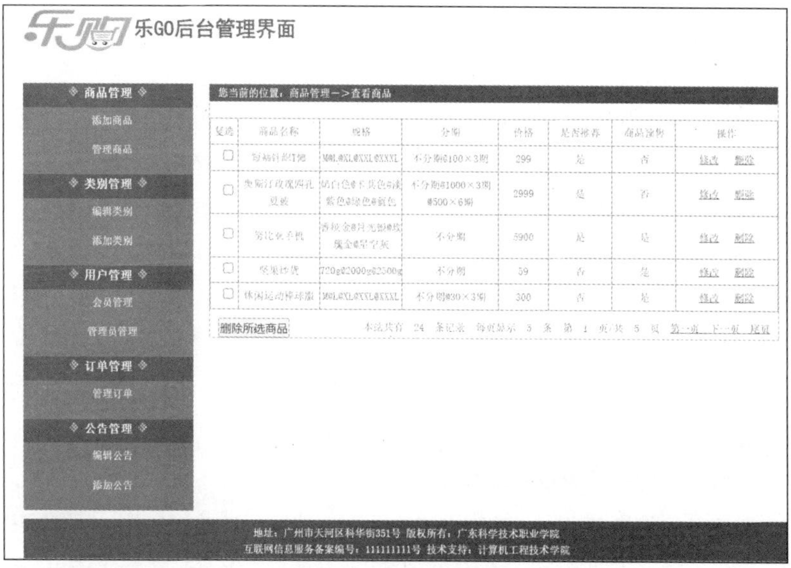

图 1-12　查看商品页面

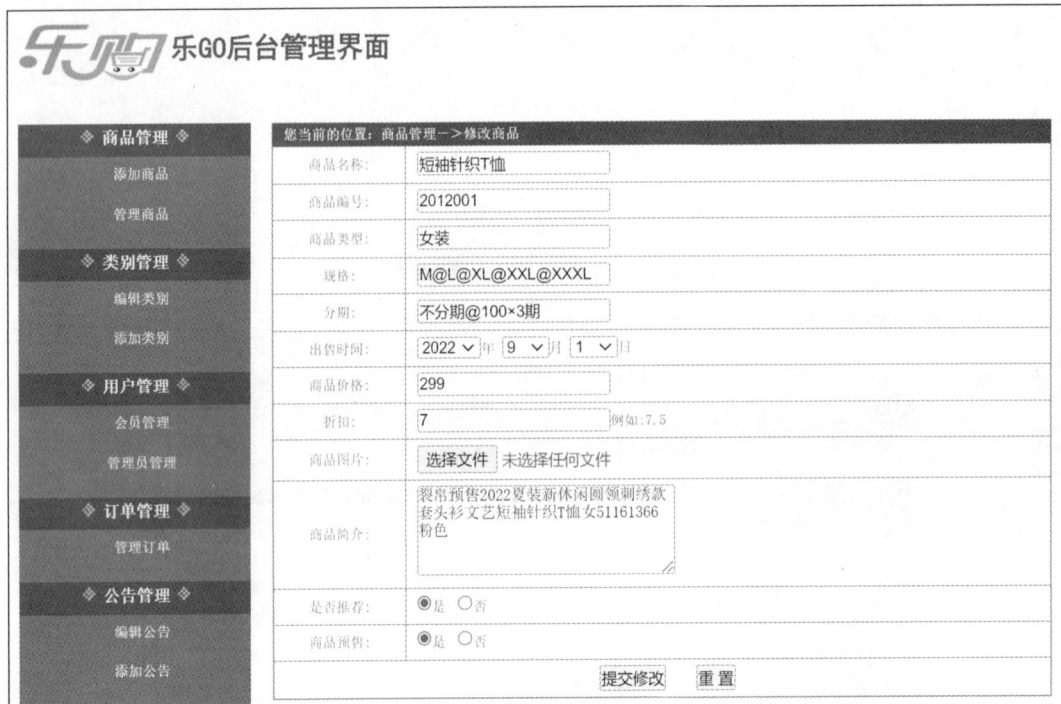

图 1-13　修改商品页面

子任务 1-2　乐 GO 商城系统分析与设计

在了解乐 GO 商城的功能后，开始进行乐 GO 商城项目的系统分析与设计，主要从用户需求分析、系统功能、系统流程、系统开发环境等方面展开分析。

1. 用户需求分析

现在流行的电子商务网站有 B2B（Business to Business，企业对企业）、B2C（Business to Customer，企业对用户）和 C2C（Customer to Customer，用户对用户）等类型，"乐 GO 商城"是为企业和消费者建立的电子商务网站，属于 B2C 类型。用户在该网站上可以方便、快捷地查找所需商品信息，进行网络购物、查询订单、打印订单等操作。通过对一些典型电子商务网站的分析，并结合企业要求和市场调查反馈，确定用户需求如下：

◆ 网站界面设计美观大方，充分展示企业形象；

◆ 为了提升后期网站推广的效果，要求网站设计过程从网络营销的角度出发；

◆ 商品分类详尽，可以按类别查看所有商品的信息；

◆ 网站应提供商品推荐、最新商品和热门商品的显示功能；

◆ 网站应提供商品和订单的查询功能；

◆ 网站应有完善的购物车模块，实现选购商品、订购商品、收银结账、订单管理等功能；

◆ 网站应提供便捷、高效的后台管理功能，实现对用户、商品、订单等信息的管理。

2. 系统功能

乐 GO 商城参考了目前主流电子商务网站（如当当网）的特点，包括网站前台功能和网站后台功能。

根据用户需求分析和对当当网的分析，乐 GO 商城前台功能主要包括用户管理、商品显示和购物车 3 个部分，其前台功能结构如图 1-14 所示。

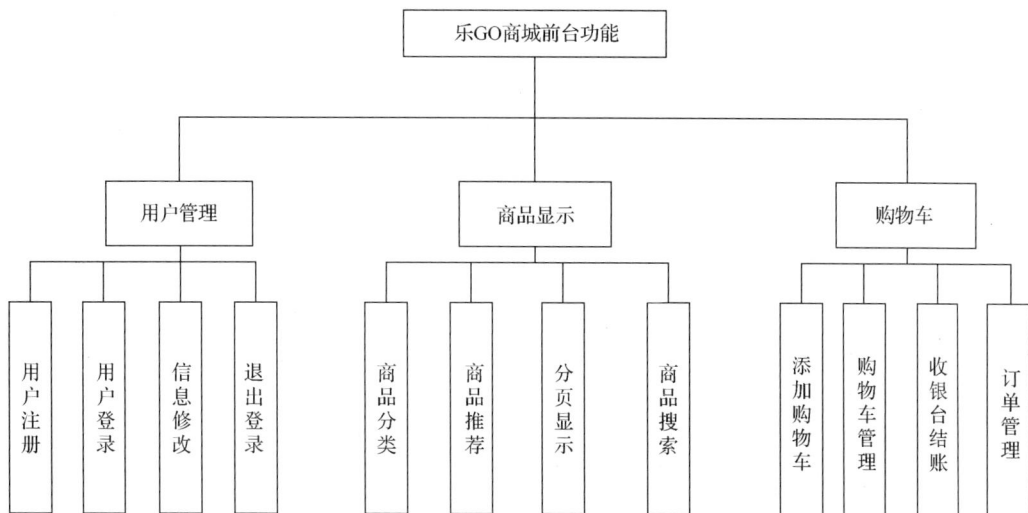

图 1-14　乐 GO 商城前台功能结构

根据用户需求分析和主流购物商城网站的特点，乐 GO 商城后台功能主要包括用户管理、商品管理、公告管理、订单管理，其后台功能结构如图 1-15 所示。

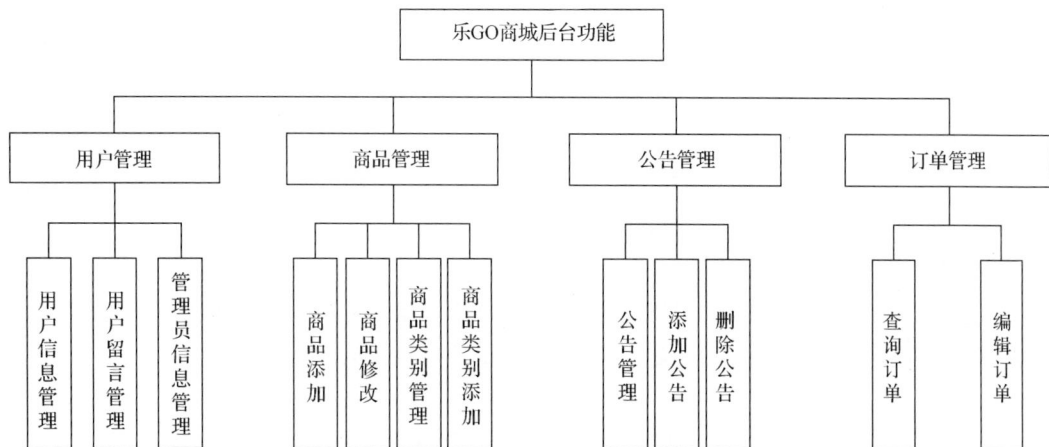

图 1-15　乐 GO 商城后台功能结构

3. 系统流程

根据乐 GO 商城需求，其系统流程图如图 1-16 所示。

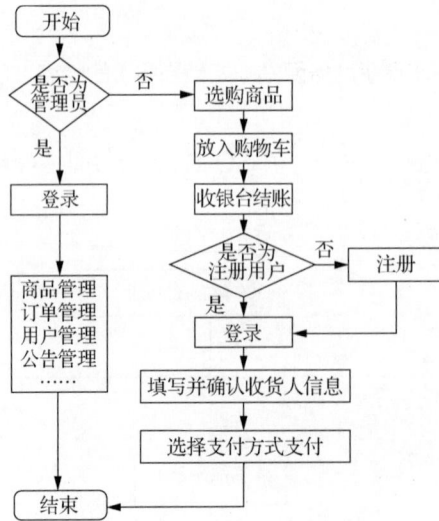

图 1-16　乐 GO 商城系统流程图

4．系统开发环境

本网站开发使用的软硬件环境具体如下。

（1）服务器端

◆　操作系统：Windows Server 2003 或 Linux。

◆　服务器：Apache 2.0 及以上版本。

◆　PHP 软件：PHP 7.0 及以上版本。

◆　数据库：MySQL 5.6 及以上版本。

◆　MySQL 管理系统：phpMyAdmin 2.5.5 及以上版本。

◆　开发工具：HBuilder 或 Dreamweaver。

◆　浏览器：Edge、火狐浏览器等。

◆　分辨率：1024 像素×768 像素。

（2）客户端

◆　浏览器：Edge、火狐浏览器等。

◆　分辨率：1024 像素×768 像素。

（3）文件夹结构

在进行网站开发前，首先要规划网站的架构，对各个功能模块进行划分，实现统一管理，这样做易于网站的开发、管理和维护。网站文件夹结构如图 1-17 所示。

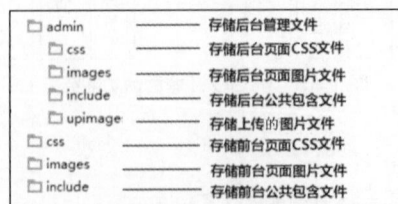

图 1-17　网站文件夹结构

子任务 1-3　运行环境搭建

在 Windows 下搭建 Apache+PHP+MySQL 环境，下面分别对 Apache、PHP、MySQL 的下载、安装与配置进行介绍，并对 phpMyAdmin 数据库客户端工具的安装进行介绍，最后对 XAMPP 集成运行环境进行介绍。

【微课视频】

1. Apache 服务器的下载、安装与配置

（1）Apache 服务器下载

从 Apache 官网下载 Apache 服务器。

（2）Apache 服务器安装与配置

双击安装文件，安装界面如图 1-18 所示。

选择"I accept the terms in the license agreement"单选按钮，单击"Next"按钮，出现 Apache 服务器信息设置界面，如图 1-19 所示。

图 1-18　Apache 安装界面

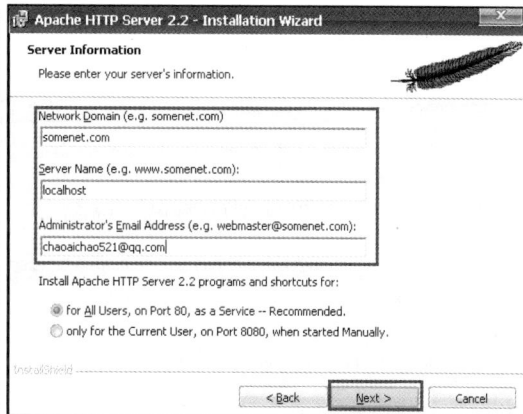

图 1-19　Apache 服务器信息设置界面

在图 1-19 所示界面中有 3 个文本框，由上到下分别用于输入网络域名、服务器名和管理员邮箱，单击"Next"按钮继续安装，选择安装类型，如图 1-20 所示。

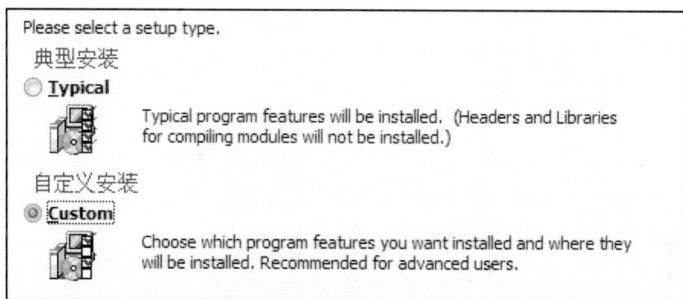

图 1-20　Apache 选择安装类型界面

选择"Custom"（自定义安装）单选按钮，进入 Apache 选择安装路径界面，如图 1-21 所示。

11

图1-21　Apache选择安装路径界面1

在图1-21所示界面中单击"Change"按钮，出现图1-22所示界面。

如图1-22所示，"Folder name"下的文本框可用于改变安装路径，选择合适的路径后，单击"OK"按钮返回，直到出现图1-23所示的界面。

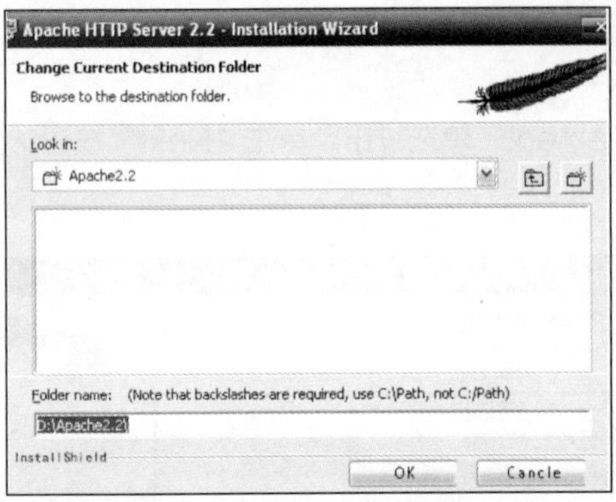

图1-22　Apache选择安装路径界面2

图1-23　Apache安装完成界面

在图1-23所示界面中，单击"Finish"按钮，完成Apache的安装。若在状态栏出现  图标，表示Apache已正常启动。

安装完成后在浏览器中访问http://localhost/，看到图1-24所示内容则表示安装成功。

（3）Apache服务器目录结构

Apache安装完成后其目录结构如图1-25所示。

图1-24　Apache安装成功界面

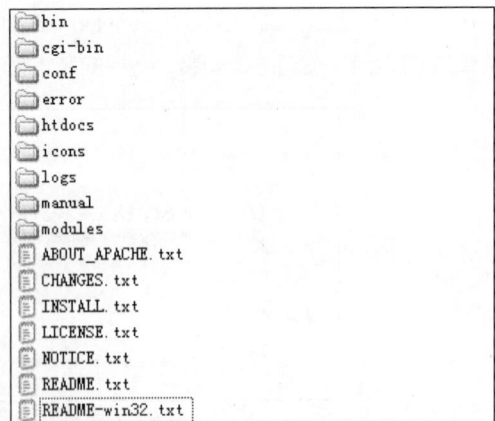

图1-25　Apache安装完成后的目录结构

Apache目录结构主要说明如下。

- ◆ bin：该目录存放常用的命令（如 httpd）。

- ◆ cgi-bin：该目录存放 Linux 下的常用命令.sh。

- ◆ conf：该目录存放配置文件（httpd.conf）。

- ◆ error：该目录存放错误记录。

- ◆ htdocs：该目录存放项目（站点）目录与文件。

- ◆ icons：该目录存放图标。

- ◆ logs：该目录存放日志文件。

- ◆ manual：该目录存放手册。

- ◆ modules：该目录存放模块（二进制文件）。

（4）Apache 服务器启动常见问题

当安装后提示端口被占用不能启动 Apache 服务器时，可以采用以下方法来解决。

① 打开 Windows 系统命令提示符窗口，在光标所在的行输入"netstat –an"命令并执行，可以查看端口占用情况，如图 1-26 所示。

图 1-26　使用 netstat 命令查看端口占用情况

② 查看 80 端口是否被占用，若被占用，则找到占用该端口的软件服务，并关闭该服务进程。

③ 重启 Apache。

2. PHP 的下载、安装与配置

（1）PHP 下载

首先去 PHP 官网下载 PHP 软件，下载页面如图 1-27 所示。

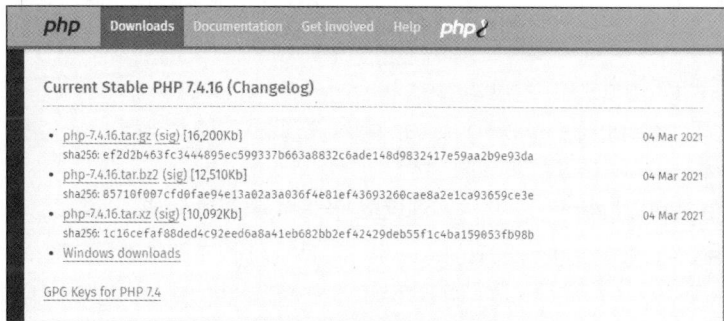

图 1-27　PHP 官网下载页面

（2）PHP 安装和配置

由于 PHP 安装包是一个 ZIP 文件（非 Install 版），安装较为简单，把下载的 ZIP 文件解压即可。将解压的文件重命名为 php7，并复制到 C 盘目录下，即安装路径为 C:\php7。然后按照以下步骤进行配置。

① 找到 C:\php7 目录下的 php.ini.recommended（或 php.ini-dist）文件，将其重命名为 php.ini，并复制到系统盘的 Windows 目录下（以 C:\Windows 为例）。

② 把 C:\php7 目录下的 php7ts.dll、libmysqli.dll 复制到目录 C:\Windows\System32 下。

③ 把 php7\ext 目录下的 php_gd2.dll、php_mysql.dll、php_mbstring.dll 文件复制到 C:\Windows\System32 下。

需要注意的是：不要混淆 php_mysql.dll 和 php_mssql.dll。如果没有加载 php_gd2.dll，PHP 将不能处理图像；如果没有加载 php_mysql.dll，PHP 将不支持 MySQL 函数库；如果没有加载 php_mbstring.dll，phpMyAdmin 将不能支持宽字符。

（3）Apache 整合 PHP

下面将 PHP 整合到 Apache，需按照以下步骤进行。

① 在 Apache 的安装目录下找到\conf\httpd.conf 配置文件并打开。

② 在 httpd.conf 文件中修改网站根目录配置，查找 "DocumentRoot" 配置项，语句如下所示：

```
DocumentRoot "......（网站根目录）"
```

双引号中内容为网站根目录，可以对其进行修改，也可以采用默认值；若修改，则还需要修改下面这项，否则可能会出现 403 错误。

查找 "This should be changed to whatever you set DocumentRoot to"，在该语句下面有：

```
<Directory "......（网站根目录）">
```

将上面两项双引号中的路径修改成想要存放根目录的路径。

③ 查找 DirectoryIndex 项，在其后添加 index.php，可能的形式如下：

```
DirectoryIndex index.html index.html.var .... index.php
```

这样 index.php 便可作为默认页面。

④ 在 Apache 中安装 PHP，查找 # LoadModule foo_module modules/mod_foo.so，在此行后加入一行：

```
LoadModule php7_module C:/php7/php7/php7Apache2_2.dll
```

⑤ 查找 AddType application/x-gzip .gz .tgz，在此行后加入一行：

```
AddType application/x-httpd-php.php
```

这样 Apache 就可以解析 PHP 文件。到这里 PHP 配置基本完成。

⑥ 重启 Apache，在网站根目录下创建一个 phpinfo.php 文件，语句如下：

```
<?php   phpinfo();   ?>
```

然后在浏览器中以正确的路径打开 phpinfo.php 文件，如能正常看到 PHP 的信息界面，则说明 PHP 已配置完成。

3. MySQL 的下载、安装与配置

（1）进入 MySQL 官网下载 MySQL 8.0 安装包。

（2）单击安装包进入 MySQL 的安装界面，如图 1-28 所示，选择单选按钮"Developer Default"（开发者默认）。然后单击"Next"按钮进入下一步。

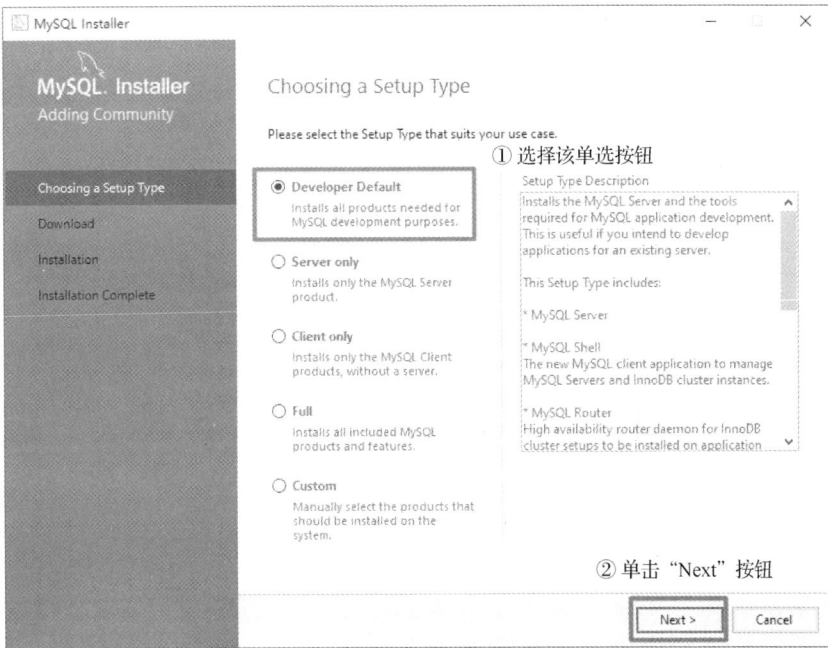

图 1-28　MySQL 的安装界面

（3）此后按照流程安装，遇到"Next"按钮直接单击即可，直到出现 MySQL 安装的"Installation"界面，如图 1-29 所示，单击"Execute"按钮，进行安装。

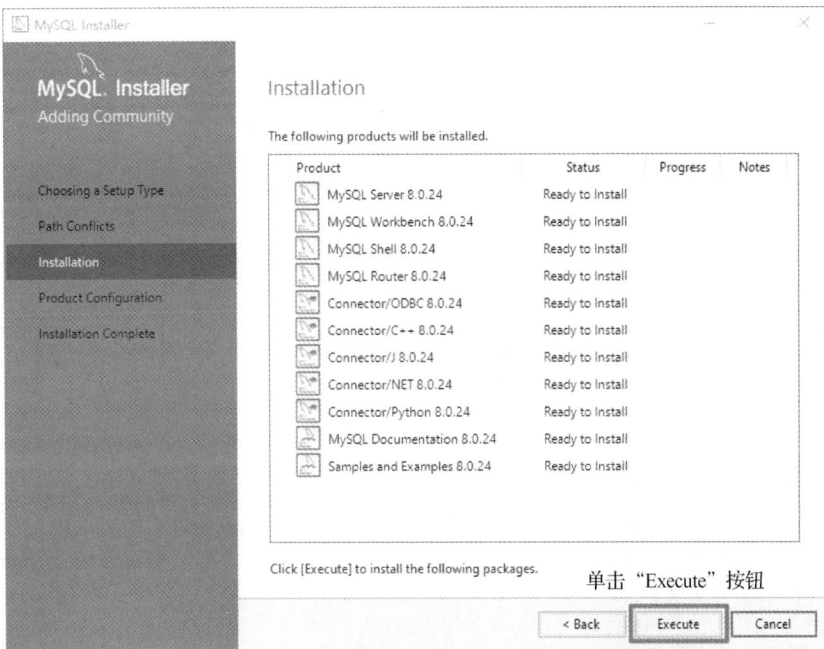

图 1-29　MySQL 安装的"Installation"界面

（4）单击"Execute"按钮后需要等待一段时间。当所有项的状态都变成"Complete"之后，如图 1-30 所示，再单击"Next"按钮。

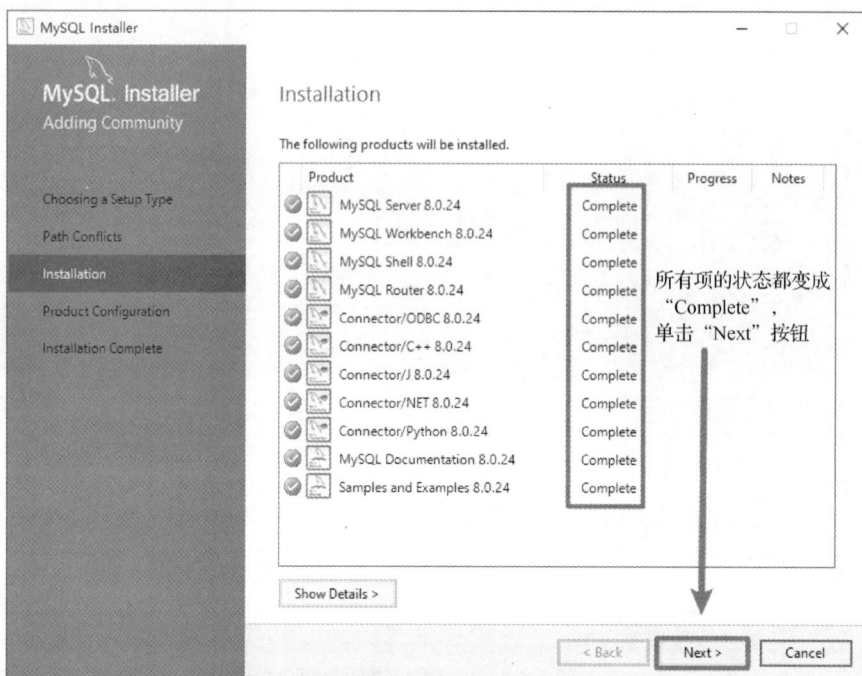

图1-30　所有项的状态都变成"Complete"

（5）进入"Product Configuration"界面，如图 1-31 所示。单击"Next"按钮。

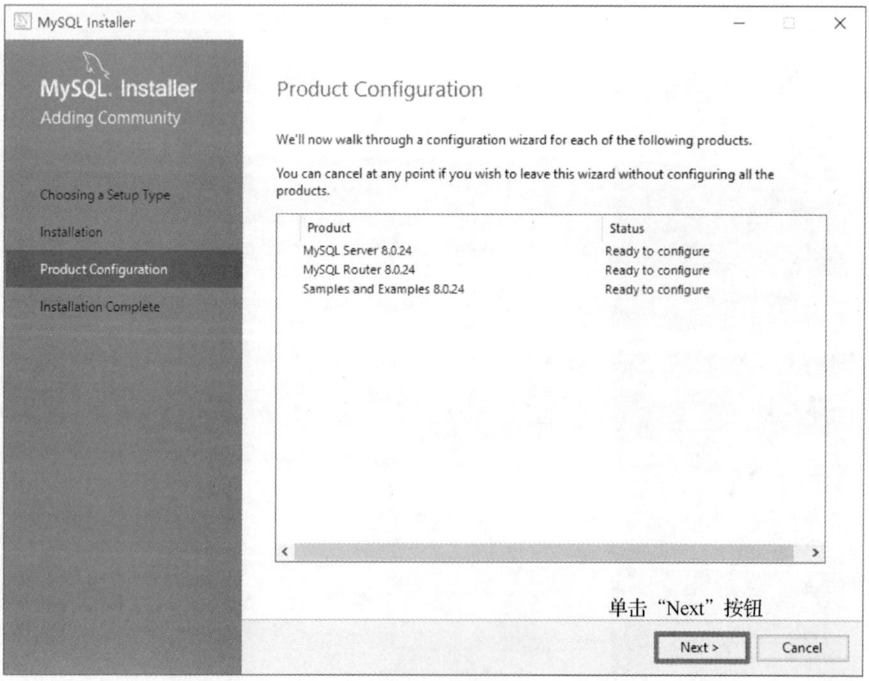

图1-31　"Product Configuration"界面

（6）进入"Type and Networking"界面，如图 1-32 所示，该界面采用默认设置即可。单击"Next"按钮。

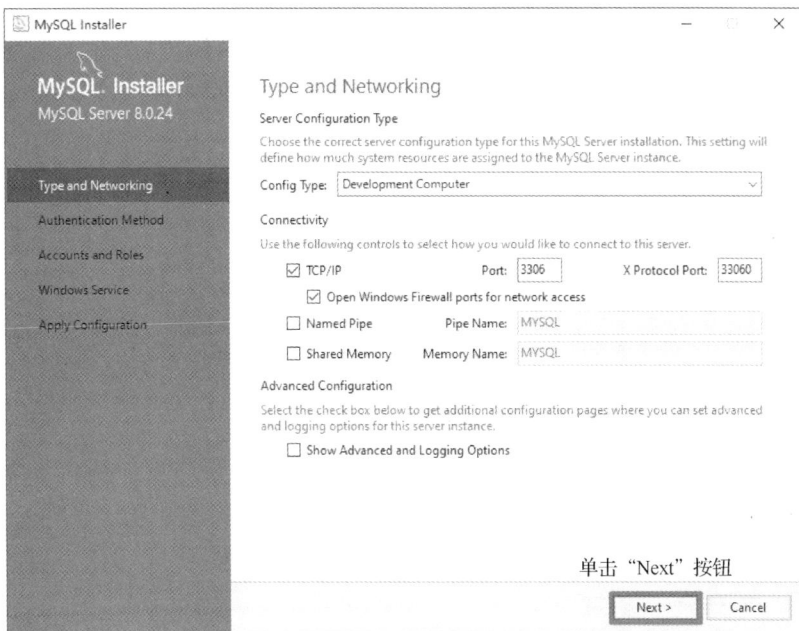

图 1-32 "Type and Networking"界面

（ / ）进入"Authentication Method"界面，如图 1-33 所示，在该界面中选择默认设置的单选按钮"Use Strong Password Encryption for Authentication(RECOMMENDED)"即可。单击"Next"按钮。

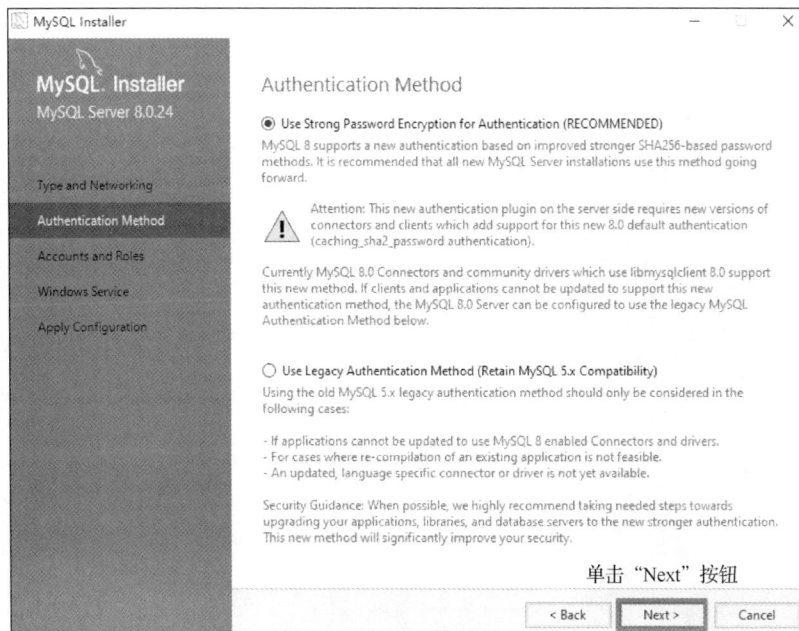

图 1-33 "Authentication Method"界面

（8）进入"Accounts and Roles"界面，如图 1-34 所示，此处输入并重复输入 Root 账户密码，用于之后登录数据库。单击"Next"按钮。

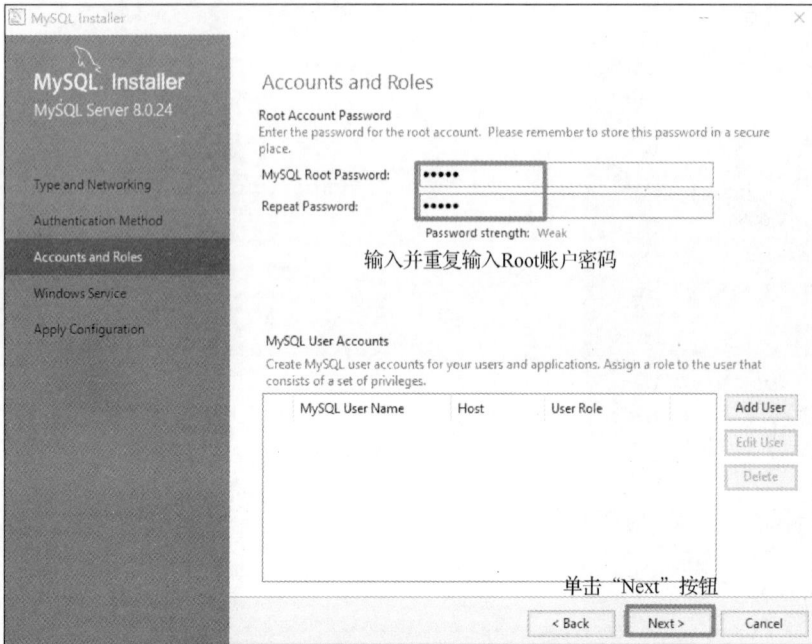

图 1-34 "Accounts and Roles"界面

（9）持续单击"Next"按钮，直到进入"Apply Configuration"界面，如图 1-35 所示，然后单击"Execute"按钮，实现配置应用。

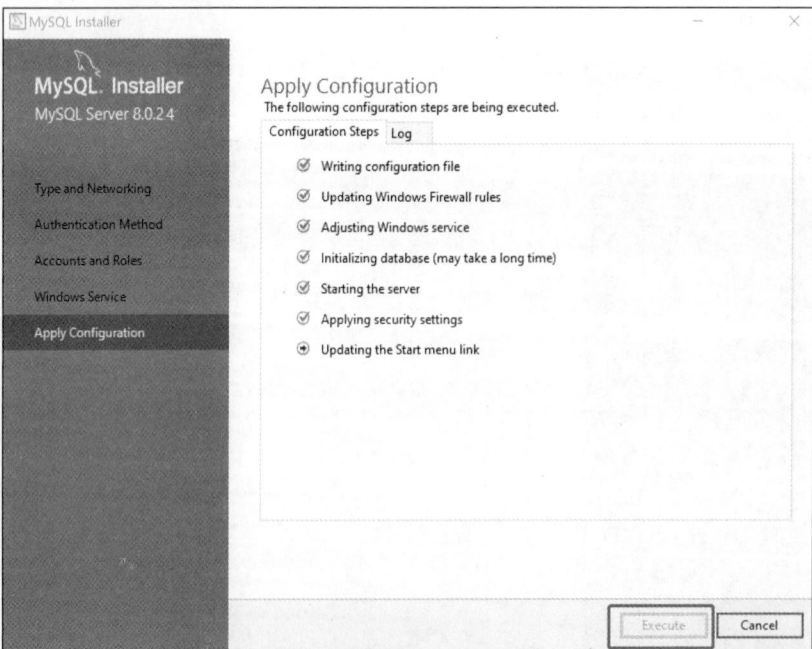

图 1-35 "Apply Configuration"界面

（10）配置应用完成后，进入"Installation Complete"界面，如图 1-36 所示，单击"Finish"按钮，完成安装。

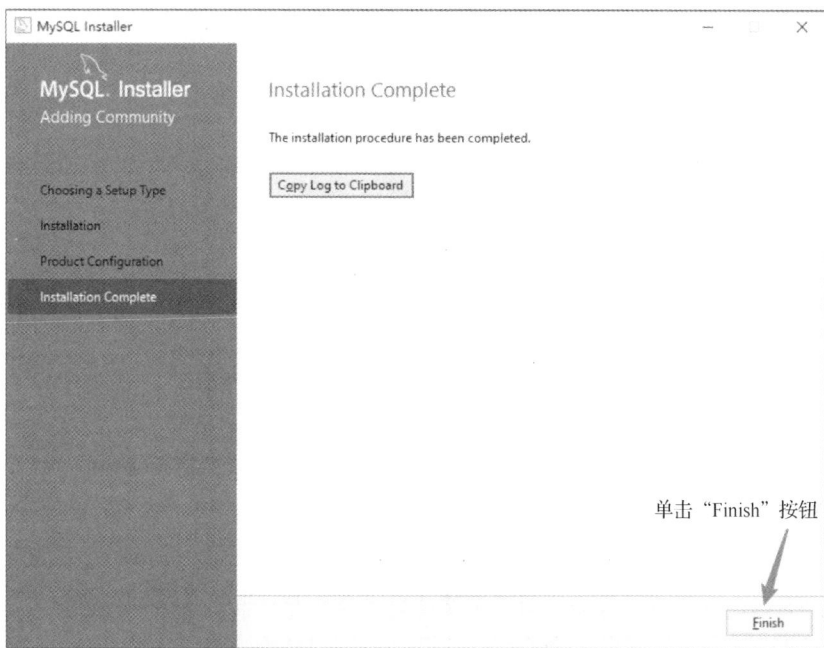

图 1-36 "Installation Complete"界面

4. phpMyAdmin 的下载和安装

（1）phpMyAdmin 下载和安装

在 phpMyAdmin 官网下载最新版 phpMyAdmin 的压缩包，解压后放到 Apache 的项目目录下，然后在浏览器中访问 http://localhost/phpMyAdmin/index.php，出现图 1-37 所示的 phpMyAdmin 启动界面。

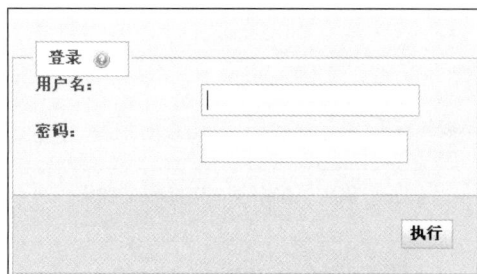

图 1-37 phpMyAdmin 启动界面

输入安装时自设的账号（默认为 root）及其对应的密码（默认为空密码），单击"执行"按钮即可登录。

（2）常见错误及处理

如果在登录的时候提示错误，可进行如下修改。

① 把 phpMyAdmin 根目录下的 config.sample.inc.php 改为 config.inc.php。

② 第①步登录测试不通过，可打开 config.inc.php 文件，如图 1-38 所示，把 localhost 改成 127.0.0.1。

```
/* Authentication type and info */
$cfg['Servers'][$i]['auth_type'] = 'config';
$cfg['Servers'][$i]['user'] = 'root';
$cfg['Servers'][$i]['password'] = '';
$cfg['Servers'][$i]['extension'] = 'mysqli';
$cfg['Servers'][$i]['AllowNoPassword'] = true;
$cfg['Lang'] = '';

/* Bind to the localhost ipv4 address and tcp */
$cfg['Servers'][$i]['host'] = '127.0.0.1';
$cfg['Servers'][$i]['connect_type'] = 'tcp';
```

图 1-38　config.inc.php 文件修改界面

现在就可用自己搭建的环境开始创建 PHP 动态网站了。

5. XAMPP 集成环境安装

对于初学者来说，如果逐一安装 Apache、PHP 和 MySQL 有困难，则可采用集成 Apache、PHP、MySQL 等软件的 XAMPP 安装包。读者可以根据自己计算机的配置情况，选择 64 位或者 32 位的 XAMPP 安装包。

下载并运行 XAMPP 安装包，在后续安装过程中均采用默认选项。安装成功后，会在 C 盘下创建文件夹 C:/xampp 目录，在该目录下装有 Apache、PHP、MySQL 和 phpMyAdmin 等软件工具。单击 XAMPP 图标运行 XAMPP，单击 Apache 和 MySQL 服务对应的"Start"按钮，当其变为"Stop"后，表明 Apache 和 MySQL 服务正常运行。XAMPP 成功启动的效果如图 1-39 所示。

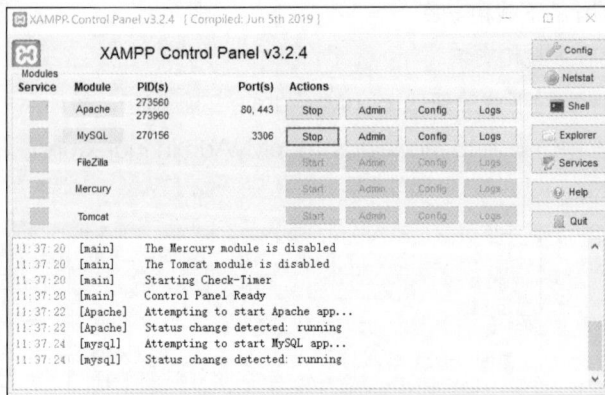

图 1-39　XAMPP 成功启动的效果

1.4　问题思考

问题思考：学习了在 Windows 下搭建 PHP 开发环境后，思考在 Linux 下如何搭建 PHP 开发环境。

提示：在 Linux 系统下下载 PHP 开发软件对应的 Linux 版本，按照安装要求进行搭建。

1.5 技术拓展

PHP 编辑环境很多，比较常用的有 HBuilder、Visual Studio Code、Dreamweaver、Zend Studio、Sublime Text 等。下面以 HBuilder 为例进行介绍。

HBuilder，简称 HB，其中 H 是 HTML 的缩写，Builder 是建设者。它是为前端开发人员服务的通用 IDE（Integrated Development Environment，集成开发环境），或者称为编辑器，与 Visual Studio Code、Sublime、WebStorm 类似。目前，有约 800 万开发人员在使用 HBuilder。

旧版的 HBuilder 使用红色 Logo，已于 2018 年停止更新。绿色 Logo 的 HBuilderX 是新版替代品。除了服务前端技术栈外，它还可以通过插件支持 PHP 等其他语言。

相比于竞品，HBuilder 的优势有：运行速度快（C++内核）；对 Markdown、Vue 的支持更为优秀；不仅能开发普通 Web 项目，而且能开发 App、小程序，特别是对 DCloud 的 uni-app、5+App 等手机端产品有良好的支持。

1.5.1 HBuilderX 下载和安装

1. HBuilderX 下载

从 HBuilderX 的官网下载 HBuilderX 的相关文档，包括使用文档、技巧、CLI（Command Line Interface，命令行接口）工具、插件开发 API（Application Program Interface，应用程序接口）手册等。

【微课视频】

2. HBuilderX 安装

HBuilderX 的安装包在 Windows 下为 ZIP 压缩包，解压后才能使用。首先，选中下载的 ZIP 压缩包，右击选择"解压到当前文件夹"，如图 1-40 所示。进入解压后的文件夹，找到 HBuilderX.exe，直接双击，即可开始使用 HBuilderX。

需要注意的是，解压过程中，不要中断解压。

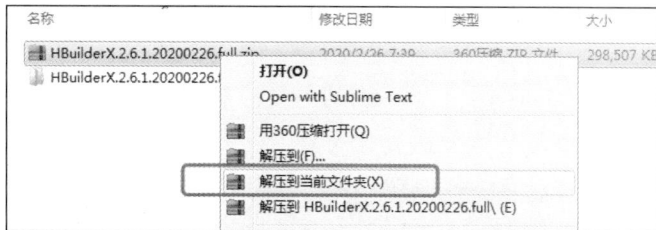

图 1-40　HBuilderX 在 Windows 下解压

1.5.2 HBuilderX 使用入门

1. 介绍

秉承更快一步的理念，HBuilderX 界面左侧的项目管理器大多是单击响应而不是双击响应的。例如，单击展开目录，单击预览文件，双击打开文件。预览文件时顶部标签卡的内容是斜体的，此时继续预览其他文件会替换预览标签卡。双击文件后标签卡的内容为正体，且该标签卡不会被替换。HBuilderX 预览文件与打开文件的差异如图 1-41 所示。预览的文件一旦开始编辑，也会自动变为正式打开状态。

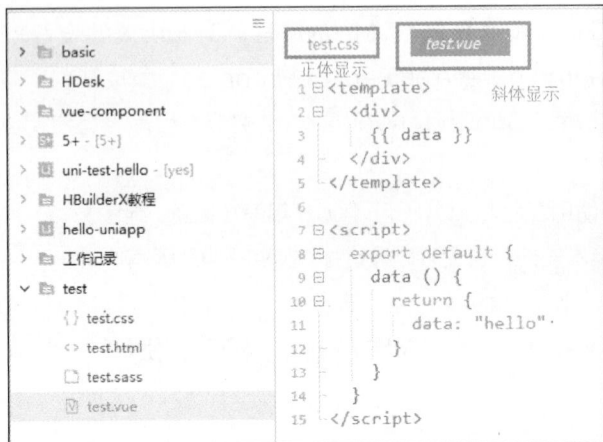

图 1-41　HBuilderX 预览文件与打开文件的差异

2．语法提示

　　HBuilder 系列产品拥有自研的语法分析引擎，其性能非常优秀。但前端框架众多，要使用框架的语法提示需要加载单独的语法提示库。HBuilderX 的框架语法提示库可在界面的右下角选择，如图 1-42 所示。

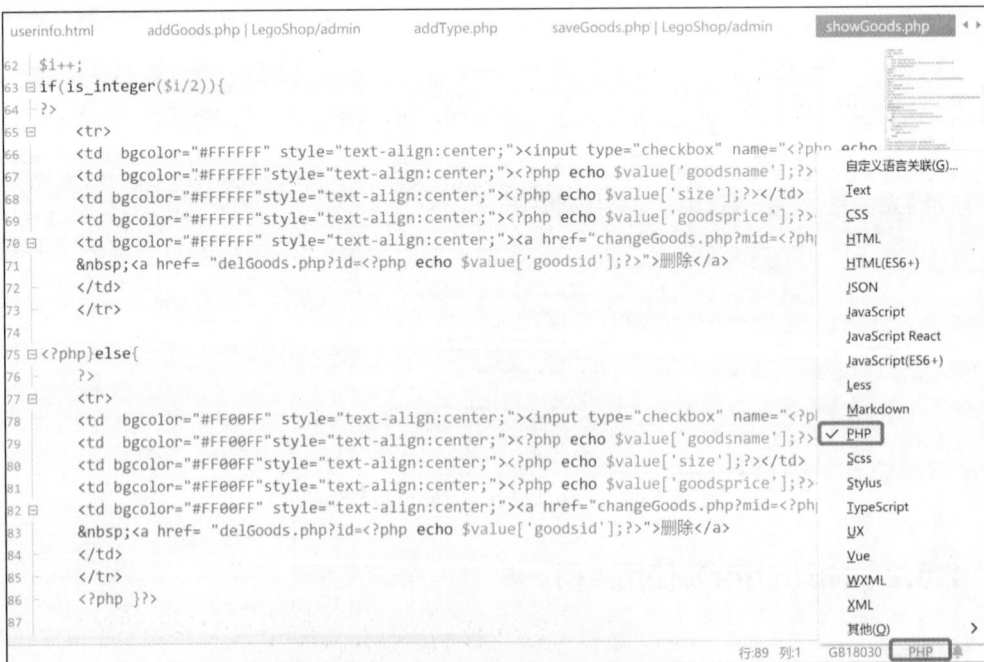

图 1-42　HBuilderX 的框架语法提示库

需要注意以下两点。

① 框架语法提示库是挂在项目下的，一个项目加载了一个框架语法提示库后，这个项目下所有 JavaScript 文件或 HTML 文件都会在代码助手处提示这个框架的语法。

② 如果一个文件是单独从硬盘打开的，而没有将项目整体拖入 HBuilderX，那么此时无法加载框架语法提示库。

3. 语法帮助

将光标放到某 API 处，按下"F1"键，就可跳转到 API 官方手册，目前支持 Vue、uni-app、5+App 等 API。

按"F1"键查看帮助文档时会打开外部浏览器，从而避免边改边看所带来的影响。

4. 多光标

HBuilderX 支持多光标，按"Ctrl"键并单击就可增加一个光标，按"Ctrl"键并右击可取消一个光标或选区。HBuilderX 的多光标效果如图 1-43 所示。

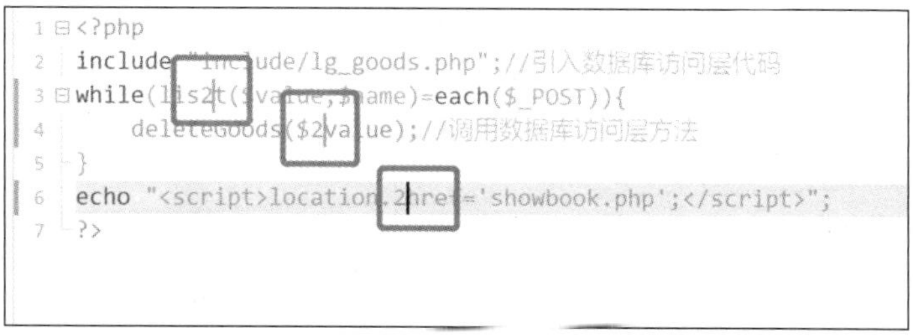

```php
1  <?php
2  include "include/lg_goods.php";//引入数据库访问层代码
3  while(list($value,$name)=each($_POST)){
4      deletegoods($2value);//调用数据库访问层方法
5  }
6  echo "<script>location.2href='showbook.php';</script>";
7  ?>
```

图 1-43　HBuilderX 的多光标效果

HBuilderX 中还可以选择相同词。按"Ctrl+E"快捷键可选中相同的词做批处理。HBuilderX 选择相同词效果如图 1-44 所示。

```php
1  <?php
2  include "include/lg_admin.php";//引入数据库访问层方法
3  if(isset($_POST['ok'])){
4
5      $newuser=$_POST['newuser'];
6      $newpassword=md5($_POST['newpassword']);
7      $repassword=$_POST['repassword'];
8
9      $hs=addAdmin($newuser,$newpassword);
10         if($hs==1){
11             echo "<script>alert('添加成功');</script>";
12             echo "<script>location.href='admin.php';</script>";
13         }else{
14             echo "<script>alert('添加失败');</script>";
15             echo "<script>location.href='admin.php';</script>";
16         }
17 }
18 ?>
```

图 1-44　HBuilderX 选择相同词效果

5. 列选择

通过按"Alt"键并拖曳鼠标，实现 HBuilderX 列的选择，如图 1-45 所示，亦可用快捷键"Ctrl+Alt+↑或↓"实现。

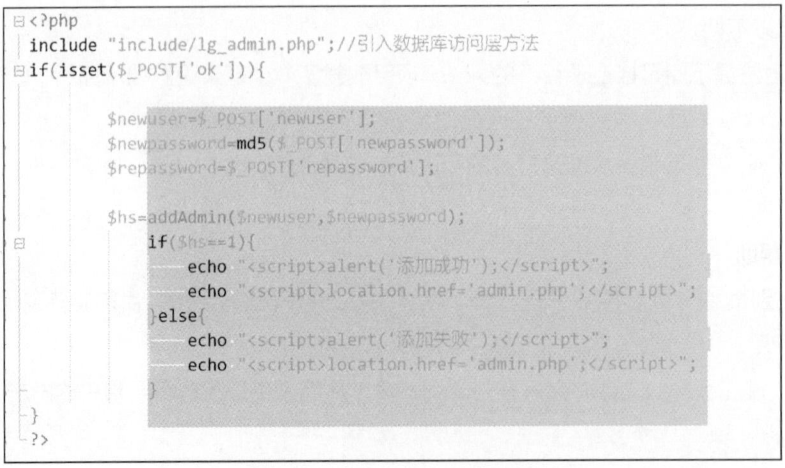

```php
<?php
include "include/lg_admin.php";//引入数据库访问层方法
if(isset($_POST['ok'])){

        $newuser=$_POST['newuser'];
        $newpassword=md5($_POST['newpassword']);
        $repassword=$_POST['repassword'];

        $hs=addAdmin($newuser,$newpassword);
        if($hs==1){
            echo "<script>alert('添加成功');</script>";
            echo "<script>location.href='admin.php';</script>";
        }else{
            echo "<script>alert('添加失败');</script>";
            echo "<script>location.href='admin.php';</script>";
        }
    }
?>
```

图 1-45　HBuilderX 列的选择

6. 编码选择

当打开一个文件出现编码错乱或产生乱码时，可以在界面右下角选择编码并重新打开文件，HBuilderX 的编码选择如图 1-46 所示。

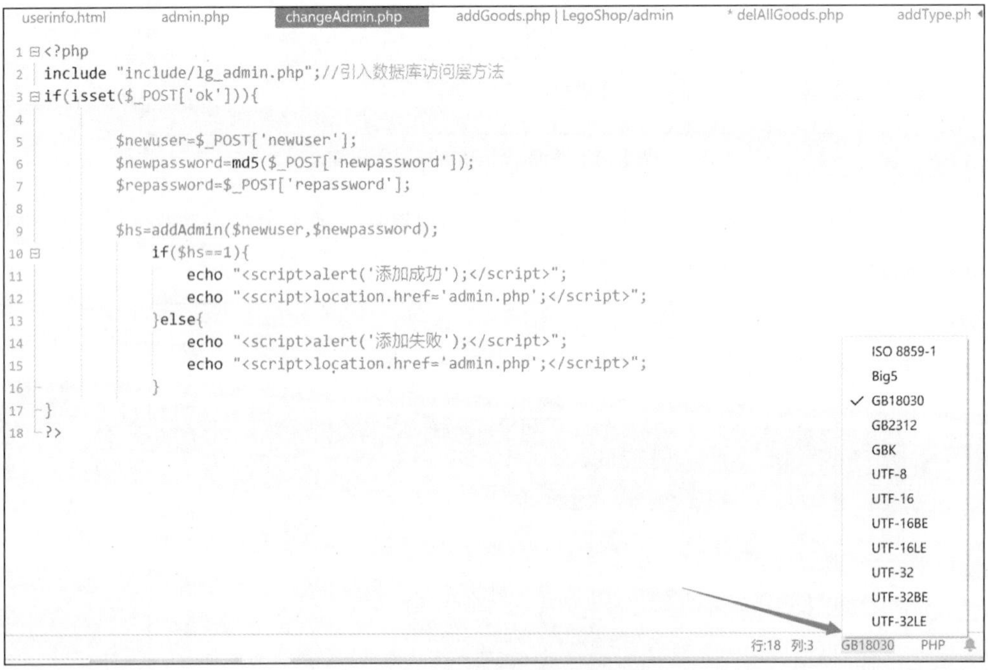

| userinfo.html | admin.php | changeAdmin.php | addGoods.php \| LegoShop/admin | * delAllGoods.php | addType.ph |

```php
1  <?php
2  include "include/lg_admin.php";//引入数据库访问层方法
3  if(isset($_POST['ok'])){
4
5          $newuser=$_POST['newuser'];
6          $newpassword=md5($_POST['newpassword']);
7          $repassword=$_POST['repassword'];
8
9          $hs=addAdmin($newuser,$newpassword);
10             if($hs==1){
11                 echo "<script>alert('添加成功');</script>";
12                 echo "<script>location.href='admin.php';</script>";
13             }else{
14                 echo "<script>alert('添加失败');</script>";
15                 echo "<script>location.href='admin.php';</script>";
16             }
17  }
18  ?>
```

```
          ISO 8859-1
          Big5
        ✓ GB18030
          GB2312
          GBK
          UTF-8
          UTF-16
          UTF-16BE
          UTF-16LE
          UTF-32
          UTF-32BE
          UTF-32LE
行:18  列:3   GB18030   PHP
```

图 1-46　HBuilderX 的编码选择

7. 跳转到定义

HBuilderX 有强大的语法分析引擎，可以准确地跳转到定义位置。跳转到定义是非常实用的功能，普通编辑器往往只能猜单词跳转。

跳转到定义的快捷键是"Alt+D"，或者按"Alt"键并单击（注意不是 Ctrl 键，因为 Ctrl 键用作多光标快捷键）。HBuilderX 的跳转到定义效果如图 1-47 所示。

```
1  □ <template>
2  □     <view>
3            <button @click="getUserInfo();">获取用户信息</button>
4      └   </view>
5  └ </template>
6
7  □ <script>
8      export default {
9  □       onLoad() {
10              this.getUserInfo()
11          },
12  □       methods: {
13  □           getUserInfo() {
14                  console.log('------------- get UserInfo')
15              }
16          }
17      }
18  └ </script>
```

图 1-47　HBuilderX 的跳转到定义效果

HBuilderX 还有一个特色功能是转到定义到分栏，按"Ctrl+Alt"快捷键并单击，可以把光标所在定义处的代码在另一侧打开，以便同时查看。

1.5.3　HBuilderX 运行 Web 网站

1. 导入项目

HBuilderX 导入项目有 3 种方式，分别是从 SVN 导入、从 Git 导入和从本地目录导入。从本地目录导入要求在本地目录已有网站项目。这里选择以从本地目录导入项目为例进行讲解，如图 1-48 所示。

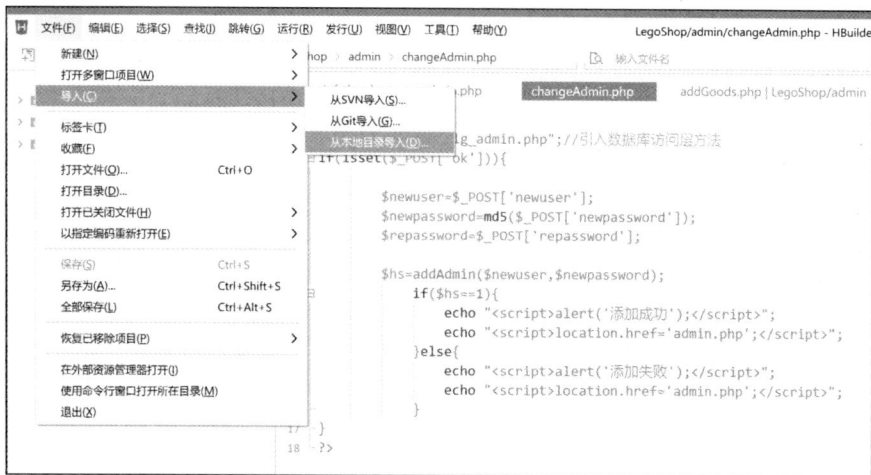

图 1-48　从本地目录导入项目

进入选择目录界面，这里笔者的网站根目录为"C:/xampp/htdocs"（WAMP 集成环境下网站根目录文件夹默认为 wamp/www），选择 LegoShop 项目文件夹，如图 1-49 所示，然后单击"选择文件夹"按钮，即可成功导入网站项目。在 HBuilderX 左侧的项目管理栏中能看见 LegoShop 网站项目，如图 1-50 所示。

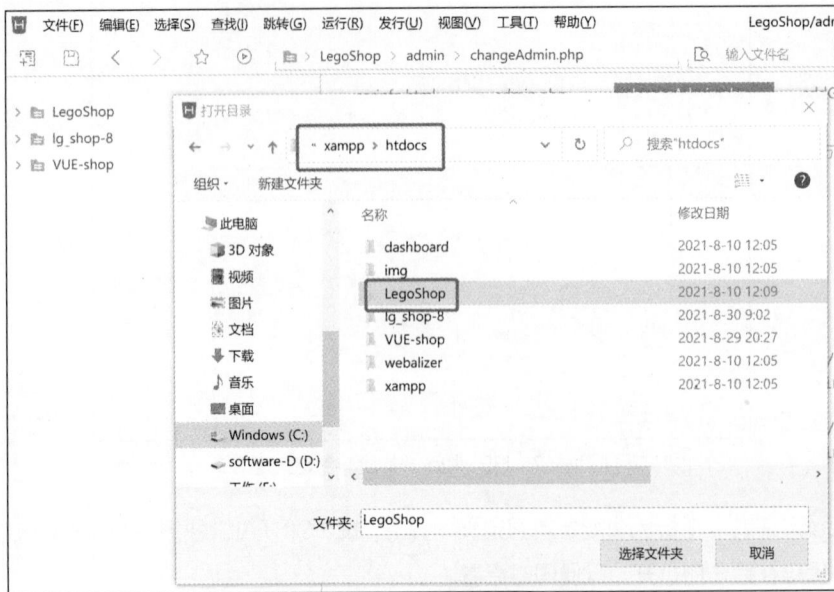

图1-49　选择 LegoShop 项目文件夹

图1-50　HBuilderX 中的 LegoShop 网站项目

2. 配置外部服务器运行网站文件

要想使用外部服务器运行 HBuilderX 中的网站文件，需要进行适当配置，具体过程如下。

（1）单击"运行"→"运行到浏览器"→"配置 web 服务器"，如图1-51所示，进入 Settings.json 文件配置界面。

图1-51　配置 Web 服务器

（2）Settings.json 文件配置

在 Settings.json 文件配置界面中，单击"运行配置"，设置"外部 web 服务器调用 url"文本框内容为"http://localhost/"；如果 Web 服务器端口不是默认的 80 端口，则文本框内容应该是"http://localhost/Web 服务器端口"。然后勾选"外部 web 服务器 url 是否包括项目名称"复选框。Settings.json 文件配置如图 1-52 所示。

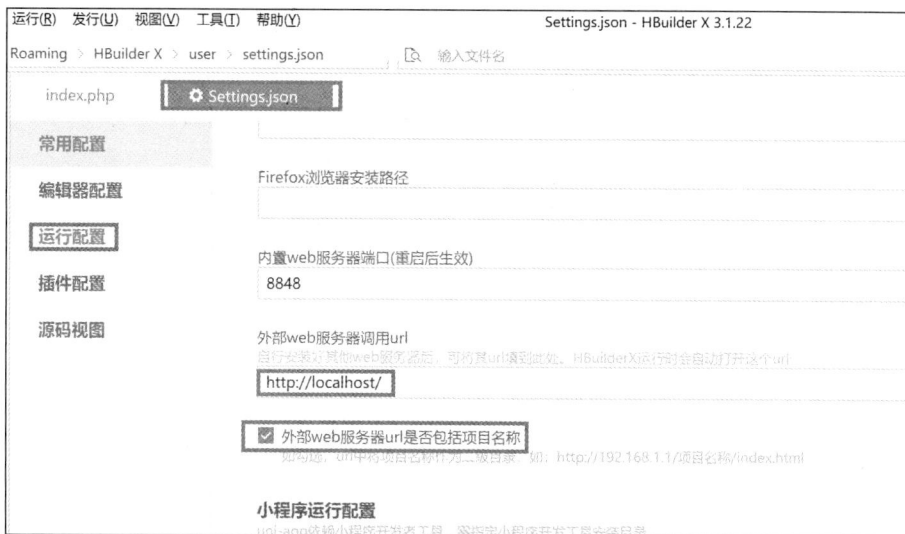

图 1-52　Settings.json 文件配置

（3）测试运行网站文件

测试运行网站文件之前，必须启动 Web 服务器。打开 LegoShop 网站文件夹中的 index.php 文件，单击"运行"→"运行到浏览器"→"Edge"（可以选择任意浏览器）。HBuilderX 运行网站文件如图 1-53 所示。如果能在浏览器中正常打开 index.php 文件，则说明 HBuilderX 配置运行网站成功。index.php 运行效果如图 1-54 所示，浏览器中地址栏显示"localhost//LegonShop/index.php"。

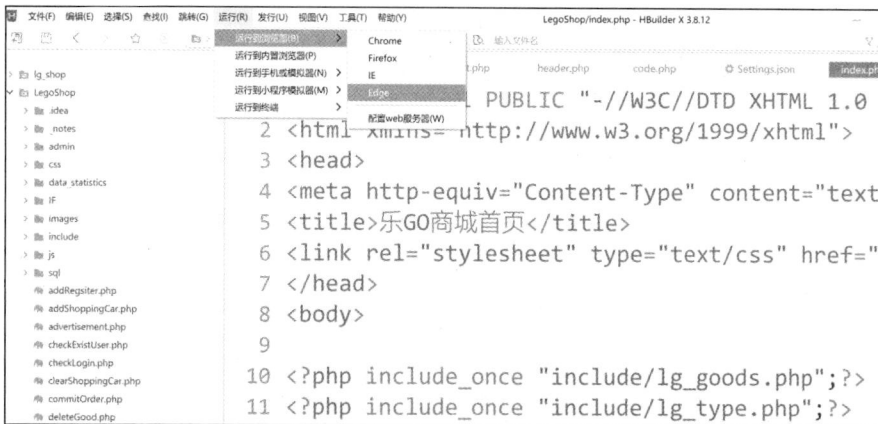

图 1-53　HBuilderX 运行网站文件

图 1-54　index.php 运行效果

1.6　学习小结

本任务介绍了乐 GO 商城项目，介绍了 PHP 集成开发环境 XAMPP 的安装，也介绍了如何安装 Apache、MySQL 和 PHP，在此过程中使读者理解了 PHP 网站的工作原理。同时，介绍了 PHP 常用开发工具 HBuilderX 的安装和简单使用方法，完成了 PHP 网站项目的导入和运行等。

1.7　课后练习

简答题

1. 简述 PHP 语言的特点。

2. 什么是 XAMPP？其优点是什么？

3. 简述 Web 网站的工作原理。

任务二
乐GO商城开发知识储备

02

学习目标

➤ **职业能力目标**

1. 能运用PHP的基础语法编写程序。
2. 能运用PHP的3种基本结构解决实际问题。
3. 具有使用函数和数组解决问题的能力。

➤ **知识目标**

1. 理解PHP的基础语法。
2. 掌握PHP的选择结构。
3. 掌握PHP的循环结构。
4. 能熟练应用PHP的3种基本结构。
5. 掌握PHP的函数和数组。

2.1 任务引导

　　任务一中对乐 GO 商城项目进行了分析和设计，并介绍了如何搭建 PHP 开发环境，从本任务开始，正式进入 PHP 语言的学习。PHP 作为一种专门用来开发 Web 应用的嵌入式语言，大量借用了 C、C++和 Perl 语言的语法，同时加入了一些其他语法，使编写 Web 程序更快、更高效。之所以说 PHP 是嵌入式语言，是因为用 PHP 开发的 Web 程序，大多都要在 HTML 文档中插入 PHP 代码，或者使用 PHP 代码生成某些 HTML 文档，以满足 Web 应用的需求和特点。PHP 一般作为 Web 服务器（通常是 Apache）的一个模块运行。这意味着当用户访问到一个含有 PHP 代码的 Web 页面时，HTTP 服务器就会调用这个模块，通过这个模块来分析并执行该页面的 PHP 代码，最终将执行结果返回给用户。PHP 支持多种数据库，如 MySQL、dBASE、SQL Server、Oracle 等，这对于基于数据库的 Web 开发来说是大有裨益的。

　　PHP 的语法与 C、C++等语言的很相似，有 C 语言基础的读者可以轻松地掌握 PHP 的基础语法。事实上，PHP 的语法并不复杂，即便是没有任何语言基础的读者，也能快速地掌握 PHP 的语法。再加上 PHP 提供了大量的预定义函数，使 PHP 开发事半功倍。只要按本书的讲述一步步地学习下去，相信读者会发现 PHP 其实很容易掌握，并且应用起来也很快速、方便。

2.2 知识准备

2.2.1 PHP 基础语法

PHP 脚本在服务器上执行，然后向浏览器发送回 HTML 结果。

PHP 脚本可放置于文档中的任何位置。

PHP 脚本标签以 "<?php" 开头，以 "?>" 结尾，PHP 脚本标签如代码 2-1 所示。

【微课视频】

代码 2-1　PHP 脚本标签

```
<?php
//此处是 PHP 代码
?>
```

PHP 文件的默认扩展名是 ".php"。

PHP 文件通常包含 HTML 标签和一些 PHP 脚本代码。

下面的例子是一个简单的 PHP 文件，其中包含使用内建 PHP 函数 echo 在网页上输出文本 "Hello world!" 的一段 PHP 脚本，如代码 2-2 所示。

代码 2-2　输出文本 "Hello world!"

```
<!DOCTYPE html>
<html>
<body>
<h1>我的第一个 PHP 页面</h1>
<?php
        echo "Hello world!";
?>
</body>
</html>
```

运行结果：

我的第一个PHP 页面

Hello world!

PHP 语句以分号（;）结尾，PHP 代码块的关闭标签也会自动标注分号（因此在 PHP 代码块的最后一行不必使用分号）。

2.2.2 PHP 注释

PHP 代码中的注释不会被作为程序来读取和执行，它唯一的作用是供程序开发者阅读。

在代码中添加注释的好处如下。

◆ 使其他人理解程序开发者正在做的工作。注释可以让其他程序员了解程序开发者在每个步骤进行的工作。

◆ 提醒程序开发者做过什么。大多数程序员都曾经历过一两年后对项目进行返工，然后不得不重新回忆开发时做的事情。注释可以记录程序开发者在编写代码时的思路。

PHP 支持以下 3 种注释，如代码 2-3 所示。

◆ 单行注释，用//表示。

◆ 单行注释，用#表示。

◆ 多行注释，用/*...*/表示。

代码 2-3　PHP 支持的 3 种注释

```
<!DOCTYPE html>
<html>
<body>
<?php
// 这是单行注释
# 这也是单行注释
echo 'Hello world!';
/*
这是多行注释块
它跨越了
多行
*/
?>
</body>
</html>
```

运行结果:

```
Hello world!
```

2.2.3　PHP 大小写

在 PHP 中，所有用户定义的函数、类和关键字（如 if、else、echo 等）都对大小写不敏感。代码 2-4 中的这 3 条 echo 语句都是合法的（等价的）。

代码 2-4　函数、类和关键字对大小写不敏感示例

```
<!DOCTYPE html>
<html>
<body>
<?php
    echo "Hello world!<br>";
    ECHO "Hello world!<br>";
    ecHO "Hello world!<br>";
?>
</body>
</html>
```

运行结果:

```
Hello world!
Hello world!
Hello world!
```

在 PHP 中，所有变量都对大小写敏感。代码 2-5 中，只有第一条 echo 语句会显示$color 变量的值，这是因为$color、$COLOR 和$coLOR 被视作 3 个不同的变量，后两条 echo 语句将会报语法错误。

代码 2-5　变量大小写敏感示例

```
<!DOCTYPE html>
<html>
<body>
<?php
    $color="red";
    echo "My car is " . $color . "<br>";
    echo "My house is " . $COLOR . "<br>";
    echo "My boat is " . $coLOR . "<br>";
?>
</body>
</html>
```

运行结果:

```
My car is red

Notice: Undefined variable: COLOR in C:\xampp\htdocs\LegoShop\test.php on line 7
My house is

Notice: Undefined variable: coLOR in C:\xampp\htdocs\LegoShop\test.php on line 8
My boat is
```

2.2.4　PHP echo 语句

echo 是一个语言结构，有无括号均可使用，即 echo 或 echo()都是正确的。

代码 2-6 展示如何用 echo 语句来显示不同的字符串（同时请注意字符串中能包含 HTML标签）。

代码 2-6　echo 语句

```
<?php
    echo "<h2>PHP is fun!</h2>";
    echo "Hello world!<br>";
    echo "I'm about to learn PHP!<br>";
    echo "This", " string", " was", " made", " with multiple parameters.";
?>
```

运行结果:

PHP is fun!

Hello world!
I'm about to learn PHP!
This string was made with multiple parameters.

2.2.5　PHP 变量

变量是存储信息的容器，PHP 变量可用于保存值（如 x=5）和表达式（如 z=x+y）。

变量可以取很短的名称（如 x 和 y），也可以取更具描述性的名称（如 carname、total_volume）。

PHP 变量规则如下：

◆　变量以$符号开头，其后是变量的名称；

◆　变量名称只能包含字母、数字和下划线（A~Z、a~z、0~9 及 "_"）；

◆　变量名称必须以字母或下划线开头；

◆　变量名称不能以数字开头；

◆　变量名称对大小写敏感，例如$y 与$Y 是两个不同的变量。

注意，PHP 没有创建变量的命令，变量会在首次为其赋值时被创建。变量示例如代码 2-7 所示。

代码 2-7　变量示例

```php
<?php
$txt="Hello world!";
$x=5;
$y=10.5;
echo $txt.'<br>';
echo $x.'<br>';
echo $y.'<br>';
?>
```

运行结果：

```
Hello world!
5
10.5
```

以上语句执行后，变量 txt 会保存值 "Hello world!"，变量 x 会保存值 5，变量 y 会保存值 10.5。

注意　如果为变量赋的值是文本，请用引号标识该值。PHP 是一门类型松散的语言。在代码 2-7 中，不必告知 PHP 变量的数据类型。PHP 会根据它的值，自动把变量转换为正确的数据类型。而在 C、C++和 Java 等语言中，程序员必须在使用变量之前声明它的名称和类型。

2.2.6　PHP 常量

常量类似变量，但是常量一旦被定义就无法对其进行更改或撤销。常量是单个值的标识符（名称），在脚本中无法改变该值。

有效的常量名以字符或下划线开头（常量名称前面没有$符号）。

与变量不同，常量在当前脚本中是全局范围有效。如需设置常量，请使用 define()函数，它使用以下 3 个参数：

◆　第一个参数用于定义常量的名称；

◆ 第二个参数用于定义常量的值；

◆ 第三个参数可选，用于规定常量名是否对大小写不敏感，默认是 false，表示对大小写敏感。

代码 2-8 中定义了一个对大小写敏感的常量，值为"Welcome"。

代码 2-8　定义一个对大小写敏感的常量

```php
<?php
    define("GREETING", "Welcome");
    echo GREETING;
?>
```

运行结果：

Welcome

代码 2-9 中定义了一个对大小写不敏感的常量，值为"Welcome"。

代码 2-9　定义一个对大小写不敏感的常量

```php
<?php
    define("GREETING", "Welcome", true);
    echo greeting;
?>
```

运行结果：

Welcome

2.2.7　PHP 运算符

下面将介绍可用于 PHP 脚本中的各种运算符，如表 2-1～表 2-6 所示。

1. 算术运算符

PHP 中的算术运算符如表 2-1 所示。

表 2-1　算术运算符

运算符	名称	示例	结果
+	加	$x+$y	$x 与$y 的和
-	减	$x-$y	$x 与$y 的差数
*	乘	$x*$y	$x 与$y 的乘积
/	除	$x/$y	$x 与$y 的商数
%	模	$x%$y	$x 除以$y 的余数

代码 2-10 展示了使用不同算术运算符的结果。

代码 2-10　使用不同算术运算符的结果

```php
<?php
    $x=10;
    $y=6;
```

```
    echo ($x + $y); // 输出 16
    echo ($x - $y); // 输出 4
    echo ($x * $y); // 输出 60
    echo ($x / $y); // 输出 1.6666666666667
    echo ($x % $y); // 输出 4
?>
```

2. 赋值运算符

PHP 赋值运算符用于向变量写值，如表 2-2 所示。

表 2-2　赋值运算符

运算符	示例	等同于	描述
=	x=y	x=y	最基础的赋值运算，将右边表达式的值赋给左边变量
+=	x+=y	x=x+y	加和赋值，将左边和右边的表达式相加得到的值赋给左边变量
-=	x-=y	x=x-y	减和赋值，将左边和右边的表达式相减得到的值赋给左边变量
*=	x*=y	x=x*y	乘和赋值，将左边和右边的表达式相乘得到的值赋给左边变量
/=	x/=y	x=x/y	除和赋值，将左边和右边的表达式相除得到的值赋给左边变量
%=	x%=y	x=x%y	取模和赋值，将左边和右边的表达式取模得到的值赋给左边变量

3. 字符串运算符

PHP 字符串运算符如表 2-3 所示。

表 2-3　字符串运算符

运算符	名称	示例	结果
.	串接	$txt1="Hello"$txt2=$txt1."world!"	现在$txt2 包含"Hello world!"
.=	串接赋值	$txt1 = "Hello"$txt1.="world!"	现在$txt1 包含"Hello world!"

4. 递增/递减运算符

PHP 递增/递减运算符如表 2-4 所示。

表 2-4　递增/递减运算符

运算符	名称	描述
++$x	前递增	$x 加 1 递增，然后返回$x
$x++	后递增	返回$x，然后$x 加 1 递增
--$x	前递减	$x 减 1 递减，然后返回$x
$x--	后递减	返回$x，然后$x 减 1 递减

5. 比较运算符

PHP 比较运算符用于比较两个值（数字或字符串），如表 2-5 所示。

表 2-5　比较运算符

运算符	名称	示例	结果
==	等于	$x==$y	如果$x 等于$y，则返回 true
===	全等（完全相同）	$x===$y	如果$x 等于$y，且它们类型相同，则返回 true
!=	不等于	$x!=$y	如果$x 不等于$y，则返回 true
<>	不等于	$x<>$y	如果$x 不等于$y，则返回 true
!==	不全等（完全不同）	$x!==$y	如果$x 不等于$y，或它们类型不相同，则返回 true
>	大于	$x>$y	如果$x 大于$y，则返回 true
<	小于	$x<$y	如果$x 小于$y，则返回 true
>=	大于或等于	$x>=$y	如果$x 大于或等于$y，则返回 true
<=	小于或等于	$x<=$y	如果$x 小于或等于$y，则返回 true

6. 逻辑运算符

PHP 逻辑运算符如表 2-6 所示。

表 2-6　逻辑运算符

运算符	名称	示例	结果
and	与	$x and $y	如果$x 和$y 都为 true，则返回 true
or	或	$x or $y	如果$x 和$y 至少有一个为 true，则返回 true
xor	异或	$x xor $y	如果$x 和$y 有且仅有一个为 true，则返回 true
&&	与	$x && $y	如果$x 和$y 都为 true，则返回 true
||	或	$x || $y	如果$x 和$y 至少有一个为 true，则返回 true
!	非	! $x	如果$x 不为 true，则返回 true

2.2.8　PHP 条件语句

在编写代码时，经常会希望通过一条或多条语句的执行结果来决定执行的动作，这时可以在代码中使用条件语句来实现。

在 PHP 中，可以使用以下条件语句。

1. if 语句

（1）if 语句用于在指定条件为 true 时执行代码，其语法格式如下：

```
if (条件) {
    当条件为 true 时执行的代码;
}
```

代码 2-11 中，将用 if 语句实现，如果当前时间小于 20，将输出"Have a good day!"。

【微课视频】

代码 2-11　if 语句示例

```php
<?php
    $t=date("H");
    if ($t<"20") {
        echo "Have a good day!";
    }
?>
```

运行结果：

Have a good day!

（2）if…else 语句用于在指定条件为 true 时执行代码，在指定条件为 false 时执行另一段代码，其语法格式如下：

```
if (条件) {
    条件为 true 时执行的代码;
} else {
    条件为 false 时执行的代码;
}
```

if…else 语句示例如代码 2-12 所示，如果当前时间小于 20，将输出"Have a good day!"，否则输出"Have a good night!"。

代码 2-12　if…else 语句示例

```php
<?php
    $t=date("H");
    if ($t<"20") {
        echo "Have a good day!";
    } else {
        echo "Have a good night!";
    }
?>
```

运行结果：

Have a good day!

（3）if…elseif…else 语句用于选择若干代码块之一来执行，其语法格式如下：

```
if (条件1) {
    条件1为 true 时执行的代码;
} elseif (条件2) {
    条件2为 true 时执行的代码;
} else {
    条件1、条件2均不满足时执行的代码;
}
```

if…elseif…else 语句示例如代码 2-13 所示。如果当前时间小于 10，将输出"Have a good morning!"；如果当前时间小于 20，则输出"Have a good day!"；否则将输出"Have a good night!"。

代码 2-13　if...elseif...else 语句示例

```php
<?php
    $t=date("H");
    if ($t<"10") {
        echo "Have a good morning!";
    } elseif ($t<"20") {
        echo "Have a good day!";
    } else {
        echo "Have a good night!";
    }
?>
```

运行结果：

Have a good morning!

2. switch 语句

switch 语句是一种多分支的条件语句，常用于希望有选择地执行若干代码块之一时。使用 switch 语句可以避免冗长的 if...elseif...else 代码块，其语法格式如下：

```
switch （表达式）
{
    case 值1:
            表达式的值与值1相等时要执行的代码;
            break;
    case 值2:
            表达式的值与值2相等时要执行的代码;
            break;
    ...
    case 值n:
            表达式的值与值n相等时要执行的代码;
            break;
    default:
            没有任何匹配时执行的代码;
}
```

switch 语句的工作原理如下：

◆　对表达式（通常是要测试的变量）进行一次计算；

◆　把表达式的值与结构中 case 的值进行比较；

◆　如果匹配，则执行与该 case 关联的代码；

◆　代码执行后，用 break 语句阻止代码跳入下一个 case 中继续执行；

◆　如果不匹配，则执行与 default 语句关联的代码。

switch 语句示例如代码 2-14 所示。

代码 2-14　switch 语句示例

```php
<?php
    $x = 5;
    switch ($x)
```

```
    {
        case 1:
            echo "Number 1";
            break;
        case 2:
            echo "Number 2";
            break;
        case 3:
            echo "Number 3";
            break;
        default:
            echo "No number between 1 and 3";
    }
?>
```

运行结果:

> No number between 1 and 3

2.2.9　PHP 循环语句

在编写代码时,经常需要反复运行同一代码块。可以使用循环语句来执行这样的任务,而不是在脚本中添加若干几乎相同的代码行。

【微课视频】

1. while 循环

while 循环在指定条件为 true 时执行代码块,其语法格式如下:

```
while (条件为true) {
        要执行的代码;
}
```

while 语句示例如代码 2-15 所示。首先把变量$x 设置为 1($x=1)。然后,只要$x 小于或等于 5,就执行 while 循环。循环每运行一次,$x 将递增 1。

代码 2-15　while 语句示例

```
<?php
    $x=1;
    while($x<=5) {
            echo "数字是: $x <br>";
            $x++;
    }
?>
```

运行结果:

> 数字是: 1
> 数字是: 2
> 数字是: 3
> 数字是: 4
> 数字是: 5

2. do...while 循环

do...while 循环首先会执行一次代码块，然后检查条件，如果指定条件为 true，则重复循环，其语法格式如下：

```
do {
    要执行的代码;
} while (条件为true);
```

do...while 语句示例如代码 2-16 所示。首先把变量$x 设置为 1（$x=1）。然后，do...while 循环输出一段字符串，变量$x 递增 1。随后对条件进行检查（$x 是否小于或等于 5）。只要$x 小于或等于 5，循环将会继续运行。

代码 2-16   do...while 语句示例

```php
<?php
    $x=1;
    do {
        echo "数字是: $x <br>";
        $x++;
    } while ($x<=5);
?>
```

运行结果：

```
数字是: 1
数字是: 2
数字是: 3
数字是: 4
数字是: 5
```

需要注意的是，do...while 循环只在执行循环内的语句之后才对条件进行检查。这意味着 do...while 循环至少会执行一次语句，即使条件在第一次就不满足。

3. for 循环

for 循环可使代码块执行指定的次数，其语法格式如下：

```
for (init counter; test counter; increment counter) {
        要执行的代码;
}
```

上述语法中，各参数说明如下。

◆ init counter：初始化语句，用于初始化循环计数器的值。

◆ test counter：判断条件语句，是一个布尔表达式。如果值为 true，则继续循环；如果值为 false，则结束循环。

◆ increment counter：控制条件语句，用于控制循环计数器的值，使循环在合适的时候结束。

for 语句示例如代码 2-17 所示，用于显示 0~10 的数字。

代码 2-17   for 语句示例

```php
<?php
    for ($x=0; $x<=10; $x++) {
        echo "数字是: $x <br>";
    }
?>
```

运行结果：

```
数字是: 0
数字是: 1
数字是: 2
数字是: 3
数字是: 4
数字是: 5
数字是: 6
数字是: 7
数字是: 8
数字是: 9
数字是: 10
```

4. foreach 循环

foreach 循环只适用于数组，并用于遍历数组中的每个键值对，其语法格式如下：

```
foreach ($array as $value) {
        要执行的代码；
}
```

每进行一次循环迭代，当前数组元素的值就会被赋值给$value 变量，并且数组指针会逐一移动，直到到达最后一个数组元素。

foreach 语句示例如代码 2-18 所示，用于循环输出给定数组（$colors）的值。

代码 2-18　foreach 语句示例

```php
<?php
        $colors = array("red","green","blue","yellow");
        foreach ($colors as $value) {
                echo "$value <br>";
        }
?>
```

运行结果：

```
red
green
blue
yellow
```

2.2.10　PHP 函数

1. 内置函数

在很多编程语言中都有函数这个概念。函数将为解决某一问题而编写的代码组织在一起，使得在解决同一个问题时，可以直接调用这些代码。PHP 拥有超过 1000 个内置函数，有助于提高编程效率。

【微课视频】

例如，在 PHP 中可以通过以下函数对变量的类型做判断。

◆　is_integer()：判断变量是否为整数。

◆　is_string()：判断变量是否为字符串。

◆ is_double()：判断变量是否为浮点数。

◆ is_array()：判断变量是否为数组。

除了 PHP 内置函数，用户还可以创建自定义函数。函数是可以在程序中重复使用的语句块。页面加载时函数不会立即执行，函数只有在被调用时才会执行。

2. 用户定义函数

（1）函数语法

用户定义的函数声明以关键字"function"开头，其语法格式如下：

```
function functionName() {
        要执行的代码;
}
```

注意，函数名能够以字母或下划线开头（而非数字），函数名对大小写不敏感。函数名应该能够反映函数所执行的任务。

函数示例如代码 2-19 所示，其中创建了一个名为"writeMsg()"的函数。打开的花括号"{"指示函数代码的开始，而关闭的花括号"}"指示函数代码的结束。此函数输出"Hello world!"。如需调用该函数，使用函数名即可。

代码 2-19　函数示例

```
<?php
        function writeMsg() {
                echo "Hello world!";
        }
        writeMsg(); // 调用函数
?>
```

运行结果：

Hello world!

（2）函数参数

PHP 函数可以通过参数向函数传递信息。参数类似变量，被定义在函数名之后，在括号内部。一个函数可以添加任意多个参数，用逗号隔开即可。

函数参数示例如代码 2-20 所示。示例中的函数有一个参数（$fname）。当调用 familyName() 函数时，同时要传递一个名字（如 Bill），这样会输出不同的姓名，但是姓氏相同。

代码 2-20　函数参数示例

```
<?php
        function familyName($fname) {
                echo "$fname Zhang.<br>";
        }
        familyName("Li");
        familyName("Hong");
        familyName("Tao");
        familyName("Xiao Mei");
        familyName("Jian");
?>
```

运行结果：

> Li Zhang.
> Hong Zhang.
> Tao Zhang.
> Xiao Mei Zhang.
> Jian Zhang.

多个函数参数示例如代码 2-21 所示。示例中的函数有两个参数（$fname 和$year）。

代码 2-21　多个函数参数示例

```php
<?php
        function familyName($fname,$year) {
                echo "$fname Zhang. Born in $year <br>";
        }
        familyName("Li","1975");
        familyName("Hong","1978");
        familyName("Tao","1983");
?>
```

运行结果：

> Li Zhang. Born in 1975
> Hong Zhang. Born in 1978
> Tao Zhang. Born in 1983

（3）默认参数值

定义函数时可以给形参指定一个默认的值，这样调用函数时如果没有给这个形参赋值（没有对应的实参），就使用默认的值。也就是说，调用函数时可以省略有默认值的参数。如果用户指定了参数的值，就使用用户指定的值，否则使用参数的默认值。

函数的默认参数值示例如代码 2-22 所示。当调用没有参数的 setHeight()函数时，它的参数会取默认值。

代码 2-22　函数的默认参数值示例

```php
<?php
        function setHeight($minheight=50) {
                echo "高度是 : $minheight <br>";
        }
        setHeight(350);
        setHeight(); // 将使用默认值 50
        setHeight(135);
        setHeight(80);
?>
```

运行结果：

> 高度是 : 350
> 高度是 : 50
> 高度是 : 135
> 高度是 : 80

（4）函数的返回值

函数的返回值就是函数运行完毕后返回给调用者的值。如需使函数返回值，应使用 return 语句。函数的返回值示例如代码 2-23 所示。

代码 2-23　函数的返回值示例

```php
<?php
    function sum($x,$y) {
            $z=$x+$y;
            return $z;
    }
    echo "5 + 10 = " . sum(5,10) . "<br>";
    echo "7 + 13 = " . sum(7,13) . "<br>";
    echo "2 + 4 = " . sum(2,4);
?>
```

运行结果：

```
5 + 10 = 15
7 + 13 = 20
2 + 4 = 6
```

2.2.11　PHP 数组

【微课视频】

数组能够在单独的变量名中存储一个或多个值。数组是特殊的变量，它可以同时保存一个以上的值。例如，有一个项目列表（如汽车品牌列表），在单个变量中存储这些品牌名称的代码如下：

```php
$cars1="Volvo";
$cars2="BMW";
$cars3="SAAB";
```

假如希望对变量进行遍历并找出特定的那个值，或者如果需要存储 300 个汽车品牌，而不是 3 个，最好的解决方法是创建数组。

数组能够在单一变量名中存储许多值，并且能够通过引用索引来访问某个值。在 PHP 中，array()函数用于创建数组。

```php
array();
```

在 PHP 中，有以下 3 种数组类型。

◆　索引数组：带有数字索引的数组。

◆　关联数组：带有指定键的数组。

◆　多维数组：包含一个或多个数组的数组。

1. 索引数组

（1）创建索引数组

PHP 中，有自动分配索引和手动分配索引两种创建索引数组的方法。

① 自动分配索引（索引从 0 开始）：

```php
$cars=array("Volvo","BMW","SAAB");
```

② 手动分配索引：

```php
$cars[0]="Volvo";
```

```
$cars[1]="BMW";
$cars[2]="SAAB";
```

索引数组示例如代码 2-24 所示。示例中创建名为 $cars 的索引数组，为其分配 3 个元素，然后输出包含数组值的一段文本。

代码 2-24　索引数组示例

```php
<?php
     $cars=array("Volvo","BMW","SAAB");
     echo "I like " . $cars[0] . ", " . $cars[1] . " and " . $cars[2] . ".";
?>
```

运行结果：

> I like Volvo, BMW and SAAB.

可通过 count() 函数获取数组的长度（元素数）。获取数组长度示例如代码 2-25 所示。

代码 2-25　获取数组长度示例

```php
<?php
     $cars=array("Volvo","BMW","SAAB");
     echo count($cars);
?>
```

运行结果：

> 3

（2）遍历索引数组

如需遍历并输出索引数组的所有值，可以使用 for 循环。遍历索引数组示例如代码 2-26 所示。

代码 2-26　遍历索引数组示例

```php
<?php
     $cars=array("Volvo","BMW","SAAB");
     $arrlength=count($cars);
     for($x=0;$x<$arrlength;$x++) {
             echo $cars[$x];
             echo "<br>";
     }
?>
```

运行结果：

> Volvo
> BMW
> SAAB

2. 关联数组

（1）创建关联数组

关联数组是分配给数组指定键的数组，有以下两种创建关联数组的方法。

```php
$age=array("Peter"=>"35","Ben"=>"37","Joe"=>"43");
```

或者：

```php
$age['Peter']="35";
$age['Ben']="37";
$age['Joe']="43";
```

随后可以在脚本中使用指定键访问关联数组元素。访问关联数组元素示例如代码 2-27 所示。

代码 2-27　访问关联数组元素示例

```php
<?php
    $age=array("Bill"=>"35","Steve"=>"37","Peter"=>"43");
    echo "Peter is " . $age['Peter'] . " years old.";
?>
```

运行结果：

> Peter is 43 years old.

（2）遍历关联数组

如需遍历并输出关联数组的所有值，可以使用 foreach 循环。遍历关联数组示例如代码 2-28 所示。

代码 2-28　遍历关联数组示例

```php
<?php
    $age=array("Bill"=>"35","Steve"=>"37","Peter"=>"43");
    foreach($age as $x=>$x_value) {
            echo "Key=" . $x . ", Value=" . $x_value;
            echo "<br>";
    }
?>
```

运行结果：

> Key=Bill, Value=35
> Key=Steve, Value=37
> Key=Peter, Value=43

3. 多维数组

多维数组是包含一个或多个数组的数组。

在多维数组中，主数组中的每一个元素也可以是一个数组，子数组中的每一个元素也可以是一个数组。

一个数组中的元素可以是另一个数组，另一个数组中的元素也可以是其他数组，依照这种方式，可以创建二维或者三维数组。

二维数组语法格式如下。

```
array (
    array (elements...),
    array (elements...),
    ...)
```

使用二维数组的示例如代码 2-29 所示。

代码 2-29　二维数组示例

```php
<?php
// 二维数组:
$cars = array
(
    array("Volvo",100,96),
    array("BMW",60,59),
```

```
        array("SAAB",110,100)
);
print_r($cars);
?>
```

运行结果：

```
Array
(
    [0] => Array
        (
            [0] => Volvo
            [1] => 100
            [2] => 96
        )

    [1] => Array
        (
            [0] => BMW
            [1] => 60
            [2] => 59
        )

    [2] => Array
        (
            [0] => SAAB
            [1] => 110
            [2] => 100
        )

)
```

4. 数组排序

数组中的元素能够以字母或数字的顺序进行升序或降序排序。PHP 数组排序函数如下。

◆ sort()：以升序对数组进行排序。

◆ rsort()：以降序对数组进行排序。

◆ asort()：根据值，以升序对关联数组进行排序。

◆ ksort()：根据键，以升序对关联数组进行排序。

◆ arsort()：根据值，以降序对关联数组进行排序。

◆ krsort()：根据键，以降序对关联数组进行排序。

下面以数组的升序排序为例讲解数组排序函数的使用，对数组进行升序排序使用的是 sort()函数。

代码 2-30 中按照字母升序对数组$cars 中的元素进行排序。

代码 2-30　字符串排序示例

```php
<?php
    <?php
    $cars=array("Volvo","BMW","SAAB");
    sort($cars);
    foreach($cars as $key=>$car) {
            echo "Key=" . $key . ", Value=" . $car;
            echo "<br>";
    }
?>
```

运行结果：

```
Key=0, Value=BMW
Key=1, Value=SAAB
Key=2, Value=Volvo
```

代码 2-31 中按照数字升序对数组$numbers 中的元素进行排序。

代码 2-31　数字排序示例

```php
<?php
    $numbers=array(3,5,1,22,11);
    sort($numbers);
    foreach($numbers as $key=>$number) {
        echo "Key=" . $key . ", Value=" . $number;
        echo "<br>";
    }
?>
```

运行结果：

```
Key=0, Value=1
Key=1, Value=3
Key=2, Value=5
Key=3, Value=11
Key=4, Value=22
```

2.2.12　PHP 面向对象

对象与类是面向对象程序设计（Object-Oriented Programming，OOP）的重要概念，对象是对现实世界的抽象与概括。计算机、汽车、图书等现实事物都可以理解为对象。对象主要有以下 3 个特性。

【微课视频】

◆　对象的行为：对象可以发生的操作或者动作，例如，电灯的开、关，汽车的行驶、维护，等等。

◆　对象的属性：描述对象某一特征的状态，例如，汽车的座位数、排气量，人的姓名、年龄，等等。对象的属性是可以发生改变的，例如员工的工资、岗位等。

◆　对象的表示：对象的表示就相当于身份证，具体区分在相同的行为与状态下有什么不同。

类是对一批（群、些）对象的共性描述与归纳。例如，猫、狗、猪等对象具有一些共同的行为，如叫唤、跑、睡；也具有一些共同的属性，如体重、颜色、年龄等。类与对象的关系如图 2-1 所示。

```
          动物（类）
   ┌──────┬──────┬──────┐
 汤姆猫   杰瑞鼠  布鲁托狗  唐老鸭
```

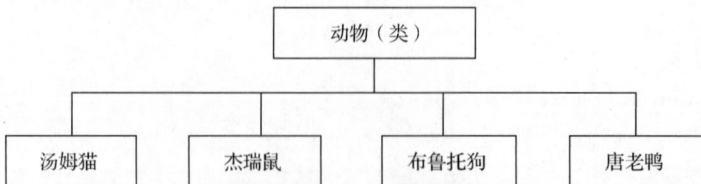

图 2-1　类与对象的关系

1. 类的定义

PHP 使用关键字 class 定义一个类，在其中可以定义属性和行为。定义类的方式如下。

◆ 使用关键字 class 标明类定义，后跟类名。

◆ 类名后面以一对{}标明类的开始与结束。

◆ 使用 PHP 变量定义类的属性。

◆ 使用 PHP 的函数定义类的行为，在 OOP 中，行为也可称为"方法"。

◆ 变量$this 代表类自身的对象。

例如，定义 1 个动物类 Animal，该类有 3 个属性，即体重（weight）、颜色（color）、年龄（age），可以发生 4 种行为，即吃（eat）、睡（sleep）、跑（run）、输出年龄（printAge）。该类的定义示例如代码 2-32 所示。

代码 2-32　类的定义示例

```php
<?php
class Animal{
        var $weight;        //定义属性
        var $color;
        var $age;
        function eat(){        //定义行为
                echo "I am eating...";
        }
        function sleep(){
                echo "I am sleeping...";
        }
        function run(){
                echo "I am running...";
        }
        function printAge(){
                echo "I am ".$this->age." years old.";
        }
}
?>
```

2. 创建对象

PHP 使用 new 运算符来实例化类的对象，即创建对象，new 后跟类名。使用->运算符访问类的属性和调用类的方法。创建对象示例如代码 2-33 所示。

代码 2-33　创建对象示例

```php
<?php
        $cat = new Animal;        //创建第 1 个对象
        $dog = new Animal;        //创建第 2 个对象
        $cat->age=3;            //设置对象 1 的年龄
        $cat->color="black";    //设置对象 1 的颜色
        $cat->weight=12;        //设置对象 1 的体重
        $cat->eat();            //对象 1 吃
        $cat->sleep();          //对象 1 睡觉
        $cat->printAge();       //输出对象 1 的年龄
?>
```

运行结果：

> I am eating...I am sleeping...I am 3 years old.

3. 构造函数

构造函数是一类特殊的类的行为（或者方法），使用 new 创建对象时自动执行，在创建对象时初始化对象，例如设置对象属性的默认值。

构造函数的语法格式如下：

```
function __construct(参数列表)
```

构造函数的名称固定为__construct。构造函数示例如代码 2-34 所示。

代码 2-34　构造函数示例

```php
<?php
class Animal{
        var $weight;        //定义属性
        var $color;
        var $age;
        function __construct($weight,$color,$age){
                $this->weight = $weight;//$weight 是输入参数
                $this->color = $color;
                $this->age = $age;
        }
        function printMessage(){
                echo("Weight:".$this->weight)."<br/>";
                echo("Color:".$this->color)."<br/>";
                echo("Age:".$this->age)."<br/>";
        }
}
?>

<?php
        $cat = new Animal(12,'black',3);        //创建对象，同时传递 3 个参数
        $cat->printMessage();
?>
```

运行结果：

> Weight:12
> Color:black
> Age:3

4. 析构函数

析构函数也是一类特殊的类的行为（或者方法），析构函数的特性与构造函数的特性相反，在销毁对象时自动调用析构函数，主要用来完成资源回收等善后工作，例如关闭文件、断开网络连接等。

析构函数的语法格式如下：

```
function __destruct()
```

析构函数的名称固定为__destruct，且没有参数。析构函数示例如代码 2-35 所示。

代码 2-35　析构函数示例

```php
<?php
class Animal{
        var $weight;        //定义属性
        var $color;
        var $age;
        function __construct($weight,$color,$age){
                $this->weight = $weight;
                $this->color = $color;
                $this->age = $age;
        }
        function __destruct(){                    //定义析构函数
                echo("Call destruct to free resource.<br/>");
        }
        function printMessage(){
                echo("Weight:".$this->weight)."<br/>";
                echo("Color:".$this->color)."<br/>";
                echo("Age:".$this->age)."<br/>";
        }
}
?>

<?php
        $cat = new Animal(12,'black',3);
        $cat->printMessage();
?>
```

运行结果：

```
Weight:12
Color:black
Age:3
Call destruct to free resource.
```

5. 继承与派生

继承与派生是 OOP 的重要特性，在父类的基础上派生出子类，子类继承父类的属性和方法，由此可构造出一系列的类。例如，在动物类的基础上可以派生出爬行动物类、哺乳动物类等，爬行动物类（子类）、哺乳动物类（子类）继承了动物类（父类）的属性和方法。PHP 使用关键字 extends 来继承一个类，且不支持多继承，其语法格式如下：

```php
class Child extends Parent {
    // 代码部分
}
```

继承与派生示例如代码 2-36 所示。

代码 2-36　继承与派生示例

```php
<?php
class Animal{
        var $weight;        //定义属性
        var $color;
```

```
            var $age;
            function __construct($weight,$color,$age){
                    $this->weight = $weight;
                    $this->color = $color;
                    $this->age = $age;
            }
            function printMessage(){
                    echo("Weight:".$this->weight)."<br/>";
                    echo("Color:".$this->color)."<br/>";
                    echo("Age:".$this->age)."<br/>";
            }
    }
    class Cat extends Animal{
            var $food;
            function __construct($weight,$color,$age,$food){
                    parent::__construct($weight,$color,$age);
                    $this->food = $food;
            }
            function printFood(){
                    echo("My food is:".$this->food."</br>");
            }
    }
    ?>

    <?php
            $cat = new Cat(12,'black',3,"meat");
            $cat->printFood();
            $cat->printMessage();
    ?>
```

运行结果：

```
My food is:meat
Weight:12
Color:black
Age:3
```

上述示例中：

◆ Cat 类继承了父类 Animal 的属性和方法，包括 weight、color、age、printMessage()；

◆ Cat 类在继承的基础上，新增自己特有的属性和方法，包括 food、printFood()；

◆ Cat 类使用 parent::__construct()调用父类的构造函数；

◆ Cat 对象调用了方法 printMessage()，该方法是父类的方法，Cat 类继承了这个方法。

6. 重载

重载又称为重写，当父类的方法（或者函数）对子类而言不适用时，子类能够重载这个父类的方法。重载示例如代码 2-37 所示。

代码 2-37　重载示例

```
<?php
class Animal{
        var $weight;        //定义属性
```

```php
        var $color;
        var $age;
        function __construct($weight,$color,$age){
                $this->weight = $weight;
                $this->color = $color;
                $this->age = $age;
        }
        function printMessage(){
                echo("Weight:".$this->weight)."<br/>";
                echo("Color:".$this->color)."<br/>";
                echo("Age:".$this->age)."<br/>";
        }
}
class Cat extends Animal{
        var $food;
        function __construct($weight,$color,$age,$food){
                parent::__construct($weight,$color,$age);
                $this->food = $food;
        }
        function printMessage(){        //重载了父类的同名方法
                parent::printMessage();
                echo("My food is:".$this->food."</br>");
        }
}
?>

<?php
        $cat = new Cat(12,'black',3,"meat");
        $cat->printMessage();                   //调用重载后的方法
?>
```

运行结果：

```
Weight:12
Color:black
Age:3
My food is:meat
```

上述示例中：

◆ Cat 类继承了父类 Animal 的属性和方法，包括 printMessage()；

◆ Cat 类定义并重载了 printMessage()方法，该方法名与父类的方法名相同；

◆ Cat 对象调用了 printMessage()方法，是自己类中的方法，重载方法又调用了父类的方法 printMessage()。

7. 属性与方法的可见性

属性与方法的可见性，又称为类属性和方法的可访问性。默认情况下，子类继承父类的全部属性和方法，类外部能够访问全部属性和方法。父类也可以控制部分属性和方法对子类不可见，主要有 3 种控制方式（属性、方法的控制标志默认为 public）。

◆ public（公有的）：公有的类成员可以在任何地方被访问。

◆ protected（受保护）：受保护的类成员可以被其自身及其子类和父类访问。

◆ private（私有）：私有的类成员则只能被其定义所在的类访问。

属性与方法的可见性示例如代码 2-38 所示，用子类访问父类的私有方法将会发生错误。

代码 2-38　属性与方法的可见性示例

```php
<?php
class Animal{
        public $weight;         //公有的
        protected $color;       //受保护的
        private $age;           //私有的
        function __construct($weight,$color,$age){
                $this->weight = $weight;
                $this->color = $color;
                $this->age = $age;
        }
        private function printMessage(){ //私有的，子类无法访问
                echo("Weight:".$this->weight)."<br/>";
                echo("Color:".$this->color)."<br/>";
                echo("Age:".$this->age)."<br/>";
        }
}
class Cat extends Animal{
        var $food;
        function __construct($weight,$color,$age,$food){
                parent::__construct($weight,$color,$age);
                $this->food = $food;
        }
        function printMessage(){
                parent::printMessage(); //访问父类私有的方法，将报错
                echo("My food is:".$this->food."</br>");
        }
}
?>


<?php
        $cat = new Cat(12,'black',3,"meat");
        $cat->printMessage();
?>
```

运行结果：

Fatal error: Uncaught Error: Call to private method Animal::printMessage() from context 'Cat' in C:\xampp\htdocs
\LegoShop\test.php:24 Stack trace: #0 C:\xampp\htdocs\LegoShop\test.php(32): Cat->printMessage() #1 {main} thrown in
C:\xampp\htdocs\LegoShop\test.php on line **24**

8. 接口与抽象类

接口用于约定类必须实现的方法（或者行为、函数），使用 interface 关键字来声明接口，在接

口内只需要声明要实现的方法的类型、名称、参数，不需要说明方法的具体实现细节。

抽象类通常作为子类的基类（或者父类），将子类的共性（包括属性、方法）提炼出来作为公共的类。抽象类将关键字 abstract 加在关键字 class 的前面。接口与抽象类示例如代码 2-39 所示。

代码 2-39　接口与抽象类示例

```php
<?php
interface iAnimalAction{
        public function eat();
        public function run();
}

abstract class Animal implements iAnimalAction{
}

class Cat extends Animal{
        public function eat(){
                echo "Cat is eating...<br/>";
        }
        public function run(){
                echo "Cat is running...<br/>";
        }
}

class Dog extends Animal{
        public function eat(){
                echo "Dog is eating...<br/>";
        }
        public function run(){
                echo "Dog is running...<br/>";
        }
}
?>

<?php
        $cat = new Cat;
        $cat->eat();
        $cat->run();
?>
```

运行结果：

```
Cat is eating...
Cat is running...
```

上述代码中：

◆　程序首先定义了 1 个接口 iAnimalAction，该接口定义了 2 个方法 eat()、run()（需要注意的是，在接口内，只声明了这 2 个方法的类型、名称和参数，没有声明这 2 个方法的具体实现细节）；

◆　随后，定义了 1 个抽象类 Animal，这个抽象类使用关键字 implements 约定 Animal 都具有 eat()、run()这 2 个方法（对于不同的动物，eat()和 run()的行为不一样，因此 Animal 类也没有说明这 2 个方法的具体实现细节，因为 Animal 是"抽象"的）；

◆ 接下来，程序定义了 2 个类 Cat 和 Dog，这 2 个类继承自类 Animal（在这 2 个类中，必须定义 eat()、run()的具体细节）；

◆ 如果新增 1 个 Pig 类，并且继承 Animal 类，那么 Pig 类也必须实现 eat()、run()这 2 个方法，因为 Pig 是动物，也必须具有动物的 eat()、run()行为。

9. 类中的常量与静态变量

在类中可以定义常量，使用关键字 const 声明并初始化常量。类中的常量的值不可改变。

在类中可以定义静态变量，使用关键字 static 声明并初始化静态变量。静态变量仍是变量，其值可以改变。常量与静态变量示例如代码 2-40 所示。

代码 2-40　常量与静态变量示例

```php
<?php
class Cat{
        const Legs = 4;         //定义常量并初始化，其值不可改变
        static $Ears = 2;       //定义静态变量，其值可以改变
        public function eat(){
                echo "Cat is eating...<br/>";
        }
        public function run(){
                echo "Cat is running...<br/>";
        }
}

?>


<?php
echo "Cat Legs:".Cat::Legs."<br/>";     //引用常量，名称前不需要加$
echo "Cat Ears:".Cat::$Ears."<br/>";    //引用静态变量，名称前需要加$
Cat::$Ears = 3;                         //改变静态变量的值
echo "Cat Ears:".Cat::$Ears."<br/>";
?>
```

运行结果：

```
Cat Legs:4
Cat Ears:2
Cat Ears:3
```

上述代码中：

◆ 类中的 Legs 是常量，其值不可改变。常量的引用方式是"类名::常量名"，其中常量名前不加$。

◆ 类中的 Ears 是静态变量，其值可以改变。静态变量的引用方式是"类名::$变量名"。

◆ 对于用同一个类创建的不同对象，这些对象之间共享类中常量和静态变量的值，即这些对象的常量、静态变量的值相同。

10. final 关键字

如果父类中的方法被声明为 final，则子类无法覆盖该方法。如果一个类被声明为 final，则该类不能被继承，即 final 表示方法或者类是"最终版"。final 关键字示例如代码 2-41 所示。

代码 2-41　final 关键字示例

```php
<?php
final class Cat{
        public function eat(){
                echo "Cat is eating...<br/>";
        }
        public function run(){
                echo "Cat is running...<br/>";
        }
}
class Kitty extends Cat{        //Cat 类是 final 类，Kitty 继承 Cat 会报错
        var $name;
        var $color;
}
?>
```

运行结果:

Fatal error: Class Kitty may not inherit from final class (Cat)

2.3　任务实施

子任务　实现一个简单的 HTML 表单

代码 2-42 实现了一个简单的 HTML 表单，它包含两个输入字段和一个提交按钮，采用 POST 方法提交 HTML 表单。

代码 2-42　POST 方法提交 HTML 表单

```html
<html>
<body>
<form action="welcome.php" method="post">
Name: <input type="text" name="name"><br>
Email: <input type="text" name="email"><br>
<input type="submit" value='提交'>
</form>
</body>
</html>
```

运行结果

Name: _____
Email: _____
提交

当用户填写此表单（假设用户填写的是 Name=tom，Email=tom@126.com）并单击"提交"按钮后，表单数据会发送到名为"welcome.php"的 PHP 文件。表单数据是通过 POST 方法发送的。

如需显示出被提交的数据，可以简单地输出（echo）所有变量。显示 POST 方法提交的表单如代码 2-43 所示。

代码 2-43　显示 POST 方法提交的表单

```html
<html>
<body>
Welcome <?php echo $_POST["name"]; ?><br>
Your email address is: <?php echo $_POST["email"]; ?>
</body>
</html>
```

运行结果

```
Welcome tom
Your email address is: tom@126.com
```

使用 GET 方法也能得到相同的结果，GET 方法提交 HTML 表单如代码 2-44 所示。

代码 2-44　GET 方法提交 HTML 表单

```html
<html>
        <body>
        <form action="welcome_get.php" method="get">
        Name: <input type="text" name="name"><br>
        Email: <input type="text" name="email"><br>
        <input type="submit" value="提交">
</form>
</body>
</html>
```

运行结果：

```
Name: [            ]
Email: [            ]
[提交]
```

当用户填写此表单（假设用户填写的是 Name=tom，Email=tom@126.com）并单击"提交"按钮后，表单数据会通过 GET 方法发送到名为"welcome_get.php"的文件。

显示 GET 方法提交的表单如代码 2-45 所示。

代码 2-45　显示 GET 方法提交的表单

```html
<html>
<body>
Welcome <?php echo $_GET["name"]; ?><br>
Your email address is: <?php echo $_GET["email"]; ?>
</body>
</html>
```

运行结果同代码 2-43 的运行结果。

上述代码很简单，这里把对表单数据进行验证的代码省略了，实际项目中必须对表单数据进行验证来防止脚本出现漏洞。

2.4 问题思考

问题思考：编写一个 PHP 动态页面，在 HTML 标签中先嵌入一段 PHP 代码，给变量 $xh 赋一个文本数值；然后把$xh 的数值作为一个 HTML 表单中的文本框（xh）的 value 属性值，使该文本域默认显示$xh 变量的值。

提示：

（1）嵌入一段 PHP 代码，给变量$xh 赋一个文本数值，代码为：

`<?php $xh="081101"; ?>`。

（2）把$xh 的数值作为一个 HTML 表单中的文本框（xh）的 value 属性值，代码为：

`<input type="text" name="xh" size="20" value="<?php echo $xh;?>">`

2.5 技术拓展

2.5.1 PHP 的错误类型

1. 程序本身的错误

程序本身的错误是比较容易处理的，例如语法错误或者编译器无法解析等。这类错误在编译的时候会编译失败，可以根据错误提示找到具体的错误代码。但使用 eval()执行的代码发生的错误，在编译期间是发现不了的，只能等到代码在执行的过程中出现错误。例如执行代码 2-46，就会在程序执行过程中出现错误。

【微课视频】

代码 2-46　程序执行过程中出现错误

```php
<?php
  echo "this will be echo to putty";
  eval("php error when parser");
?>
```

这种错误与其他的代码错误的不同之处在于位于 eval()之前的 echo 是可以输出的。而其他的代码错误不会有任何输出，因为程序通不过编译是不会运行的。

2. 未定义符号

当 PHP 程序执行的时候，可能遇到许多变量、函数等它不知道的名字，因为 PHP 程序在编译的时候，并没有完整了解所有的符号名称、函数名等。

如果只是遇到未定义的常量或者变量，这时只以通知的形式告知。但如果遇到未定义的函数或者类，程序将会终止运行。如果用户定义了名为__autoload 的函数，它将在 PHP 程序遇到未定义

的类时调用，如果通过这个函数可以返回类，新加载的类将会被使用，不产生任何错误。

3. 通用性错误

（1）操作系统带来的差异

◆ 一些只在某特殊的平台可用的 PHP 函数。

◆ 一些在某特殊的平台不可用的 PHP 函数。

◆ 一些在不同的平台下有着细微差别的 PHP 函数。

◆ 区别文件名中的路径成分的字符。

◆ 外部程序或者服务并非在所有平台中都可用。

（2）PHP 配置差异

例如配置选项 magic_quotes_gpc，如果这个选项是开启的，PHP 将增加斜线到所有的外部数据中。这时，如果将程序移植至另一台没有开启这个选项的服务器上，用户的输入就会有问题。处理类似差异的办法是检查 PHP 代码并通过 ini_get()函数查看选项是否启用，然后进行统一的调整。

◆ register_globals：该设置决定 PHP 是否引入 GET、POST、COOKIE 等环境变量或者服务器变量为全局变量，一般不建议启用。

◆ allow_url_fopen：如果这个选项设置为 false，则关闭对 URL 文件的操作功能。

4. 运行错误

运行错误是指对硬盘数据或者网络操作以及调用数据库时，由于 PHP 自身以外的因素所造成的错误。

2.5.2　PHP 的错误级别

在 PHP 编程过程中，不可避免地会遇到错误提醒，也正是这些错误提示，帮助编程人员编写出更规范的代码。PHP 中的错误级别主要有以下几种。

◆ Deprecated：最低级别错误，程序继续执行。

◆ Notice：通知级别的错误，例如直接使用未声明的变量，程序继续执行。

◆ Warning：警告级别的错误，可能得不到想要的结果。

◆ Fatal error：致命级别错误，程序不往下执行。

◆ Parse error：语法解析错误，最高级别错误，连其他错误信息也不呈现。

◆ E_USER_相关错误：用户设置的相关错误（很少出现，下述案例不涉及）。

错误级别案例如代码 2-47 所示，由于系统内置函数 create_function()在 PHP 7.3 后不建议使用，所以报 Deprecated 级别错误，程序依然能继续执行。由于变量\$a 未被定义，报 Notice 级别的错误，程序依然能继续执行。在"echo \$b/0"中，0 作除数，可能导致意想不到的结果，这时报 Warning 级别错误，程序依然能继续执行。getList(10)函数没有被定义过，在运行时解析器发现找不到该函数，报 Fatal error 级别错误，该级别错误发生时，程序停止运行。在最后一行"echo '今天天气好','出太阳了'"中，两个字符串相加，但误把"."写成了"，"，导致语法解析错误，报 Parse error 级别错误，该级别错误发生时，程序不能运行。

代码 2-47　错误级别案例

```php
<?php
    /*错误级别案例*/
    $add = create_function('$a,$b', 'return "$a + $b= ".($a + $b);');
//报 Deprecated 级别错误
    echo $add(2, 3) . "\n";
    echo $a; //报 Notice 级别错误
    $b = 10;
    echo $b/0;//报 Warning 级别错误
    getList(10);//报 Fatal error 级别错误
    echo  '今天天气好','出太阳了'; //.误写为,, 报 Parse error 级别错误
?>
```

2.6　学习小结

本任务包括开发乐 GO 商城网站的语言基础，主要介绍了 PHP 基础语法，以及 PHP 中的注释、变量、常量、运算符、程序流程控制、函数和数组等概念，并实现了一个简单的 HTML 表单应用，同时介绍了 PHP 的错误类型和级别。其中，变量、程序流程控制、函数、数组是本任务的重点知识。

PHP 程序可以嵌入 HTML 文档，使用 PHP 标签标识出程序体，文件扩展名为 ".php"。

PHP 文件放在网站根目录下，通过浏览器执行。

PHP 标准标签为<?php...?>。PHP 的语法类似 C 语言的语法，是弱类型语法，更灵活。

在 PHP 中，所有用户定义的函数、类和关键字（如 if、else、echo 等）都对大小写不敏感。在 PHP 中，所有变量都对大小写敏感。

echo 是一个语言结构，有无括号（echo 或 echo()）均可使用。

PHP 变量可用于保存值（x=5）和表达式。PHP 没有创建变量的命令，变量会在首次为其赋值时被创建。

PHP 有各种运算符，包括算术运算符、赋值运算符、字符串运算符、递增/递减运算符、比较运算符、逻辑运算符。

条件语句用于基于不同条件执行不同的动作。PHP 中有 if、switch 条件语句。

循环语句用于经常需要反复运行同一代码块时。PHP 中的循环语句有 while 循环、do...while 循环、for 循环、foreach 循环。

PHP 拥有超过 1000 个内置函数。除了内置函数，PHP 允许用户自定义函数。用户定义函数声明以关键字 "function" 开头。

数组能够在单独的变量名中存储一个或多个值。在 PHP 中，array()函数用于创建数组。数组中的元素能够以字母或数字顺序进行升序或降序排序。PHP 数组排序函数包括 sort()、rsort()、asort()、ksort()、arsort()、krsort()。

2.7 课后练习

操作题

1. 编写一个程序，根据输入的数字 1～7，输出对应星期几。

2. 用函数的方式计算 2! +4! +8!。

3. 以表格形式输出九九乘法表。

1×1=1								
1×2=2	2×2=2							
1×3=3	2×3=6	3×3=9						
1×4=4	2×4=8	3×4=12	4×4=16					
1×5=5	2×5=10	3×5=15	4×5=20	5×5=25				
1×6=6	2×6=12	3×6=18	4×6=24	5×6=30	6×6=36			
1×7=7	2×7=14	3×7=21	4×7=28	5×7=35	6×7=42	7×7=49		
1×8=8	2×8=16	3×8=24	4×8=32	5×8=40	6×8=48	7×8=56	8×8=64	
1×9=9	2×9=18	3×9=27	4×9=36	5×9=45	6×9=54	7×9=63	8×9=72	9×9=81

4. 编写程序输出 100～10000 的素数。

5. 编程将一个数组中的值从大到小存放。例如对于数组 4,7,1,8,34，排序后为 1,4,7,8,34。

任务三
乐GO商城数据库设计

03

学习目标

➤ **职业能力目标**

1. 能根据需求设计简单应用系统的E-R模型。

2. 能把E-R模型转化为数据库逻辑结构模型。

3. 能把数据库的逻辑结构模型转化为MySQL数据库的物理实现。

4. 具有分析复杂逻辑结构的能力。

➤ **知识目标**

1. 理解数据库设计原理。

2. 掌握数据库设计基本步骤。

3. 能熟练地应用phpMyAdmin工具操作MySQL数据库。

3.1 任务引导

下面先思考几个问题，乐 GO 商城中的商品信息存储在什么地方？用户的注册信息和提交订单时填写的邮寄地址等内容又到哪里去了？这些内容又以什么形式存放呢？

商城数据按照一定的方式存放在数据库（Database）中，数据库就是存放数据的仓库，其可以快速、安全地存储和处理大量的用户数据。

现在的网站几乎都离不开数据库的支持，使用 PHP 开发网站，同样也离不开数据库，PHP 可以与 MySQL、Access、SQL Server、Oracle 等多种数据库组合使用。在这些数据库中，MySQL 是非常流行、开放源码、完全网络化、跨平台的数据库，能够满足多数中小型企业的需求，绝大多数 PHP 网站采用 MySQL 作为网站的数据库。本任务将使用 MySQL 完成乐 GO 商城数据库的设计和创建，为开发乐 GO 商城网站提供数据支撑。

商城中的数据存放在数据库中，那么数据在数据库中又是以什么形式存储的呢？

下面先来看一下乐 GO 商城数据库 lg_shop，安装好 lg_shop 之后（XAMPP 环境下），在浏览器中访问 http://localhost/phpMyAdmin/，打开 MySQL 的管理工具 phpMyAdmin，从中选择

lg_shop 数据库，即出现图 3-1 所示的页面。在页面的左侧有许多文件，称它们为"表"，此数据库中共有 6 张表，MySQL 数据库就是通过表来组织与管理数据的。

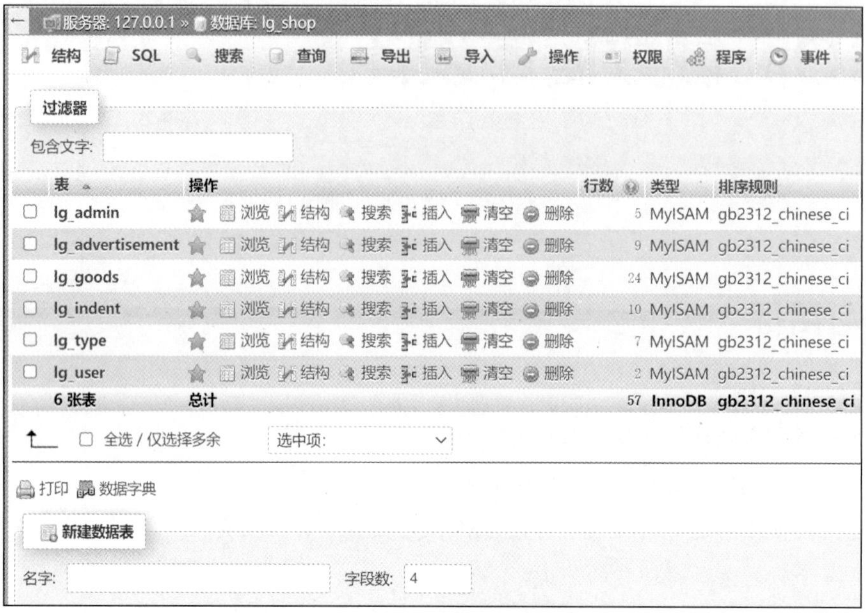

图 3-1 lg_shop 数据库中的表

任意单击一张表（如商品表 lg_goods），就会在此页面的右侧显示出这张表的内容，如图 3-2 所示。表的顶部是每项内容的标题（如 goodsid、goodsname 等），称之为表的字段名；在标题栏的下面有很多行，每一行代表一个具体产品，称之为表的记录。数据就是以这种形式存储在数据库中的。

图 3-2 lg_goods 表的内容

在图 3-2 所示页面顶部选择"结构"标签，查看商品表的具体结构，如图 3-3 所示。表的结构主要包括字段的名字、字段的类型、字段的排序规则、字段的属性等。

	#	名字	类型	排序规则	属性	空	默认	注释	额外	操作
☐	1	goodsid	int(11)			否	无		AUTO_INCREMENT	✎修改 ⊖删除 🔑主键
☐	2	typeid	int(11)			否	无			✎修改 ⊖删除 🔑主键
☐	3	norms	int(11)			否	无			✎修改 ⊖删除 🔑主键
☐	4	goodsname	varchar(50)	gb2312_chinese_ci		否	无			✎修改 ⊖删除 🔑主键
☐	5	size	varchar(30)	gb2312_chinese_ci		否	无			✎修改 ⊖删除 🔑主键
☐	6	installment	varchar(50)	gb2312_chinese_ci		否	无			✎修改 ⊖删除 🔑主键
☐	7	prodate	varchar(12)	gb2312_chinese_ci		否	无			✎修改 ⊖删除 🔑主键
☐	8	goodsprice	varchar(10)	gb2312_chinese_ci		否	无			✎修改 ⊖删除 🔑主键
☐	9	vipprice	varchar(10)	gb2312_chinese_ci		否	无			✎修改 ⊖删除 🔑主键
☐	10	photo	varchar(100)	gb2312_chinese_ci		否	无			✎修改 ⊖删除 🔑主键
☐	11	introduction	varchar(1000)	gb2312_chinese_ci		否	无			✎修改 ⊖删除 🔑主键
☐	12	recommend	int(5)			否	无			✎修改 ⊖删除 🔑主键
☐	13	newgoods	int(5)			否	无			✎修改 ⊖删除 🔑主键

↑ ☐ 全选 选中项：🔲浏览 ✎修改 ⊖删除 🔑主键 Ⓤ唯一 🔳索引 🔲全文搜索

图 3-3　lg_goods 表的结构

以上就是乐 GO 商城数据库的表和表的结构等页面显示。

3.2　知识准备

数据库设计（Database Design）是指对于一个给定的应用环境，构造最优的数据库模式，建立数据库及其应用系统，使之能够有效地存储数据，满足各种用户的应用需求（信息要求和处理要求）。在数据库领域内，常常把使用数据库的各类系统统称为数据库应用系统。

数据库设计的内容包括需求分析、概念结构设计、逻辑结构设计、物理结构设计、数据库的实施和数据库的运行与维护。前文已经对乐 GO 商城进行了简单的需求分析，下面主要介绍数据库的概念结构设计、逻辑结构设计和物理结构设计三方面的知识。

3.2.1　概念结构设计

在概念结构设计阶段，设计人员从用户需求出发对数据进行建模，产生一个独立于计算机硬件和数据库管理系统（Database Management System，DBMS）的概念模型。概念模型是现实世界到信息世界的第一级抽象，也是设计

【微课视频】

人员与用户交流的工具之一，因此要求概念模型简单、清晰、易于理解，还应具备较强的语义表达能力，可以直接表达用户的各种需求，并易于向数据模型（Data Model）转换。概念模型的表示方法有很多，目前常用的是用实体-关系方法（Entity-Relationship Approach，E-R方法）。

1. E-R方法概述

E-R方法是用E-R模型来描述现实世界的概念模型，E-R模型是实体-关系图（Entity-Relationship Diagram）的简称，是一种常用的概念模型设计工具，于1976年由Peter Chen（陈品山）提出。用E-R方法建立的概念模型也称为E-R模型。

（1）E-R模型的基本要素

E-R模型是用图形化的方法直观地描述概念模型，它使用不同的图形分别表示实体、属性和关系，并在各图形框内写上相应的名字，所以E-R模型的基本要素是实体、属性和关系，如图3-4所示。E-R模型中，用矩形表示实体（或实体集），在数据库中实体往往是指某类事物的集合，即实体集；用椭圆表示属性；用菱形表示关系。

图3-4　E-R模型的基本要素

实体是现实世界中可区别于其他对象的"事件"或"物体"。

属性是实体集中每一个实体所具有的性质，它是对实体特征的描述。例如，在学生实体集中，每一名学生（实体）都具有学号、姓名、性别、专业名称、入学年月、籍贯等特征，这些特征称为学生实体集的属性。

关系是两个或多个实体集之间的关联关系，例如学生、课程之间存在的关系是选课。

（2）绘制E-R模型

用线段（无向边）将实体与属性、实体与关系、关系与属性连接起来，并在线段旁标注关系的类型，由此便形成E-R模型。学生与课程之间的E-R模型如图3-5所示。

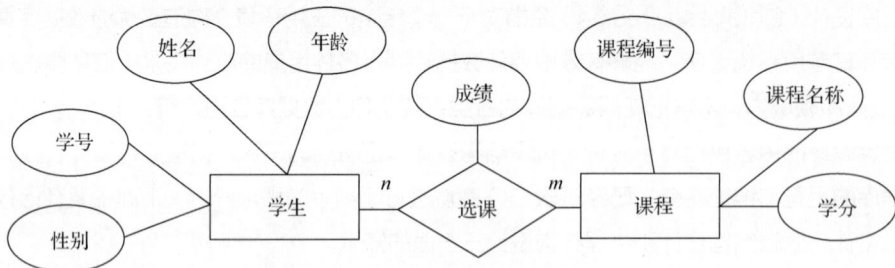
图3-5　学生与课程之间的E-R模型

2. 概念结构设计的方法和步骤

（1）概念结构设计的方法

概念结构设计的方法主要有4种，具体如下。

◆　自顶向下的方法。首先定义全局概念结构的框架，然后逐步细化，形成各局部应用的概念结构。

◆ 自底向上的方法。首先定义各局部应用的概念结构，然后将它们集成，得到全局概念结构。

◆ 由里向外的方法。首先定义最重要的核心概念结构，然后向外扩充，生成其他概念结构，直至得到全局概念结构。

◆ 混合方法。将自顶向下和自底向上的方法相结合，用自顶向下方法设计一个全局概念结构的框架，以它为骨架集成自底向上方法中设计的各局部应用的概念结构。

（2）概念结构设计的步骤

概念结构设计是在需求分析的基础上，设计 E-R 模型。设计 E-R 模型一般采用自底向上的方法，具体步骤是首先设计各局部应用的 E-R 模型，然后将局部 E-R 模型集成为全局 E-R 模型，最后对全局 E-R 模型进行优化。

3. 局部 E-R 模型的设计

根据需求分析，设计对应于每个部门或每个应用的局部 E-R 模型。设计时首先要确定局部应用，然后确定各应用中的实体集、关系集和属性，最后画出 E-R 模型。

（1）确定局部应用。一般可按照一个组织的组织机构确定局部应用，例如学校各机构中的教务处、学生处等；也可按照某一应用层次确定局部应用，例如学校各项管理工作中的学籍管理、成绩管理、课程管理等。确定好局部应用后，就可以分别对每个局部应用设计局部 E-R 模型。

（2）确定实体集及其属性。在设计局部 E-R 模型时最大的问题是如何正确划分实体集和属性。一般先按照实际应用环境的结构和被讨论属性的相关语义来定义实体集和属性，再根据实际应用进行必要的调整。调整的原则如下。

① 实体集和描述它的属性之间保持 1:1 或 1:n 的关系。例如一名教师只能有一个出生日期、一种性别、一个职称，所以教师实体与其出生日期、性别和职称属性之间是 1:1 关系。但可能会出现实体集和属性之间是 1:n 的关系，即属性为多值属性。例如，一名教师的工资可能由基本工资、岗位工资、奖金等组成，此时就需要将工资属性调整为实体集，调整结果如图 3-6 所示。

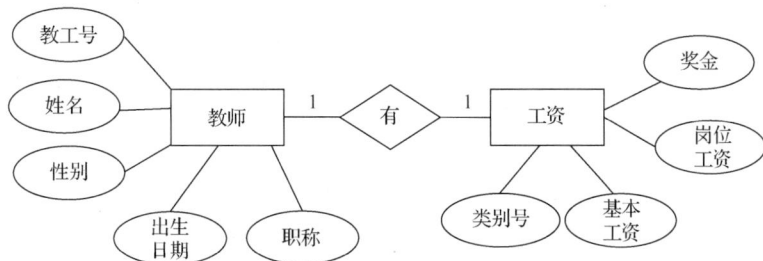

图 3-6　将工资属性调整为实体集

② 作为"属性"，不能再有需要描述的性质，即属性是不可分的数据项，不能包含其他属性。例如教材实体集中的作者属性，若作者不需要详细描述，则作者可作为教材的一个属性；若需要进一步描述，则将作者属性调整为实体集，如图 3-7 所示。

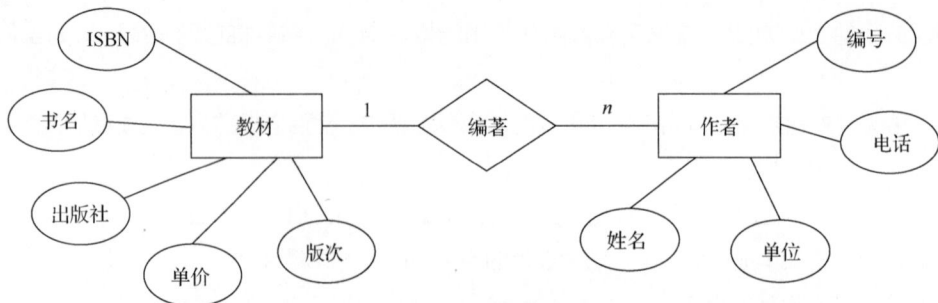

图 3-7　将作者属性调整为实体集

（3）确定实体集之间的关系。实体集之间的关系一般有 3 种，即 1:1 关系、1:n 关系、n: m 关系。例如，教师和工资之间是 1:1 关系；教材类型和教材之间是 1:n 关系；教材和作者之间是 n:m 关系；学生和教师之间是 n:m 关系。

（4）画出局部 E-R 模型。

4. 合并成全局 E-R 模型

把所有的局部 E-R 模型集合成一个完整的 E-R 模型，并进行优化，例如优化重复的实体或者属性、确保命名一致性等，从而得到全局 E-R 模型。

3.2.2　逻辑结构设计

数据库的逻辑结构设计就是把概念结构设计阶段设计好的基本 E-R 模型转换为与选用的 DBMS 产品所支持的数据模型相符合的逻辑结构。

逻辑结构设计的步骤如图 3-8 所示。

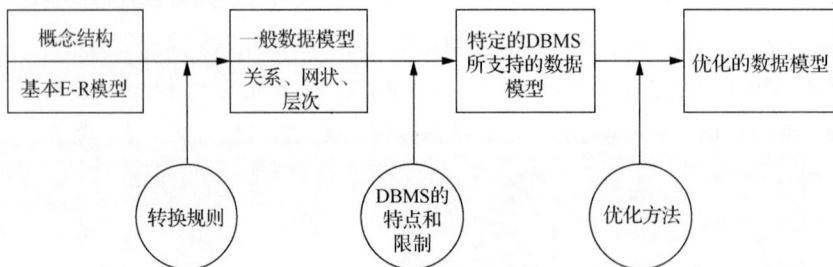

图 3-8　逻辑结构设计的步骤

1. E-R 模型向关系模型转换

（1）E-R 模型和关系模型

E-R 模型由实体、实体的属性和实体间的关系三个要素组成。可以将实体、实体的属性和实体间的关系转化为关系模式。关系模型的逻辑结构是一组关系模式的集合。

（2）转换原则

转换原则 1：一个实体可以转换为一个关系模式。

实体的属性转换为关系模式的属性；实体的键（键是唯一标识实体的一个或一组属性）转换为关系模式的键。

例如，图 3-5 中的学生实体可以转换为关系模式：学生(学号,姓名,年龄,性别)。

同理，课程实体也可以转换为关系模式。

转换原则 2：一个 $m:n$ 关系可以转换为一个关系模式。

与该关系相连的各实体的键以及关系本身的派生属性转换为该关系模式的属性，各实体键的组合组成该关系模式的键。

例如，图 3-5 中的选课关系是一个 $m:n$ 关系，可以将它转换为关系模式：选课(学号,课程编号,成绩)。

其中学号和课程编号为关系的组合键，而成绩是该关系本身的派生属性。

转换原则 3：一个 $1:n$ 关系可以转换为一个独立的关系模式，也可以与 n 端对应的关系模式合并，分别如下。

① 转换为一个独立的关系模式。

与该关系相连的各实体的键以及关系本身派生的属性转换为关系模式的属性。n 端实体的键转换为该关系模式的键。

② 与 n 端对应的关系模式合并。

在 n 端关系的属性中加入 1 端关系的键和关系本身的属性组成合并后关系的属性。合并后关系的键不变。这种转换方法可以减少系统中的关系个数，一般情况下更倾向于采用本方法。

例如，如图 3-9 所示，组成关系为 $1:n$ 关系，将其转换为关系模式的两种方法，分别如下。

① 使其成为一个独立的关系模式：组成(学号,班级号)。

② 将其与学生关系模式合并：学生(学号,姓名,年龄,班级号)。

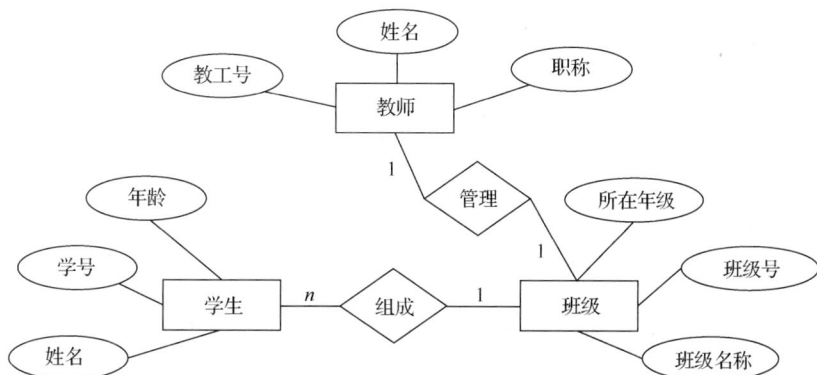

图 3-9　学生组成班级 E-R 模型

转换原则 4：一个 $1:1$ 关系可以转换为一个独立的关系模式，也可以与任意一端对应的关系模式合并，分别如下。

① 转换为一个独立的关系模式。

与该关系相连的各实体的键以及关系本身的属性转换为该关系的属性。每个实体的键均是该关系的候选键。

② 与任意一端对应的关系模式合并。

合并后关系模式的属性：加入对应关系的键和关系本身的属性。

合并后关系模式的键：不变。

例如，如图3-9所示，管理关系为1：1关系，可以有3种转换方法，分别如下。

① 转换为一个独立的关系模式：管理(教工号,班级号)。

② 管理关系与班级关系模式合并，则只需在班级关系中加入教师关系模式的键，即教工号，则关系模式为：班级(班级号,班级名称,所在年级,教工号)。

③ 管理关系与教师关系模式合并，则只需在教师关系中加入班级关系模式的键，即班级号，则关系模式为：教师(教工号,姓名,职称,班级号)。

> **注意** 从理论上讲，实体间的1：1关系可以与任意一端对应的关系模式合并。但在一些情况下，与不同的关系模式合并效率会大不一样。因此究竟应该与哪端的关系模式合并需要根据应用的具体情况而定。由于连接操作是最费时的操作，所以一般应以尽量减少连接操作为目标。

例如，如果经常要查询某个班级的班主任姓名，则将管理关系与教师关系模式合并更合理。

转换原则5：3个或3个以上实体间的一个多元关系可以转换为一个关系模式。

与该多元关系相连的各实体的键以及关系本身的属性组成该关系模式的属性。各实体键的组合组成该关系模式的键。

转换原则6：同一实体集的实体间的关系，也可按上述1：1、1：n和m：n这3种情况分别处理。

例如，教师实体集内部存在领导与被领导的1：n关系，可以将该关系与教师实体合并，这时主键教工号将多次出现，但作用不同，可用不同的属性名加以区分：教师(教工号,姓名,职称,系主任号)。这里的系主任号来自教工号，因为是在同一个关系模式中，所以以不同属性名加以区别。

转换原则7：具有相同键的关系模式可合并。

一般来说，为了减少系统中的关系个数，可将具有相同键的关系模式合并。合并方法是将其中一个关系模式的全部属性加入另一个关系模式，然后去掉其中的同义属性（可能同名也可能不同名）；并适当调整属性的次序。

2. 向特定DBMS支持的模型转换

一般的数据模型还需要向特定DBMS支持的模型进行转换。转换的主要依据是所选用的DBMS的功能和限制，并没有通用规则。对于关系模型来说，这种转换通常都比较简单。

3. 数据模型的优化

数据库逻辑结构设计的结果不是唯一的。得到初步数据模型后，还应该适当地修改、调整数据模型的结构，以进一步提高数据库应用系统的性能，这就是数据模型的优化。关系数据模型的优化通常以规范化理论为指导。下面介绍几种优化数据模型的方法。

（1）确定数据依赖

按照需求分析阶段所得到的语义，分别写出每个关系模式内部各属性之间的数据依赖及不同关系模式属性之间的数据依赖。

例如，课程关系模式内部存在下列数据依赖：课程编号→课程名称，课程编号→学分。

选修关系模式中存在下列数据依赖：(学号,课程编号)→成绩。

学生关系模式中存在下列数据依赖：学号→姓名，学号→性别，学号→出生日期，学号→年级。

学生关系模式的学号与选修关系模式的学号之间存在数据依赖：学生.学号→选修.学号。

对各个关系模式之间的数据依赖进行极小化处理，消除冗余的关系。一般来说，第一范式是保证关系模式的原子性；第二范式是消除关系模式的传递依赖性；第三范式是消除关系模式的部分依赖性。

第一范式（1NF，First Normal Form）：目标是确保每列的原子性，如果每列都是不可再分的最小数据单元，则满足第一范式。

例如学生表(学号,姓名,家庭地址,...)，如果需要将其中"家庭地址"细分为国家、省、市等，则不满足第一范式。

第二范式（2NF，Second Normal Form）：在满足第一范式的基础上，除了主键的其他列都完全依赖于该主键，则满足第二范式。

例如成绩表(课程编号,学号,成绩,课程名称)，该表的课程编号和学号一起作主键，而课程名称依赖于课程编号，并非完全依赖于主键，所以不满足第二范式。应该把表拆分为：成绩表(课程编号,学号,成绩)和课程表(课程编号,课程名称)。

第三范式（3NF，Third Normal Form）：在第二范式的基础上，确保每列都直接依赖于主键，而非传递依赖于主键，则满足第三范式。

例如：学生表(学号,姓名,班级号,班级名称,...)，其中学号为主键，符合第二范式，但是班级名称依赖于班级号，班级名称传递依赖于主键学号，所以不满足第三范式。应修改为：学生表(学号,姓名,班级号,...)和班级表(班级号,班级名称)。

（2）关系模式范式选择

按照需求分析阶段得到的各种应用对数据处理的要求，分析对于这样的应用环境这些模式是否合适，确定是否需要对它们进行合并或分解。

并不是规范化程度越高的关系模式就越优。当一个应用的查询中经常涉及两个或多个关系模式的属性时，系统必须经常进行连接运算，而连接运算的代价是相当高的，可以说关系模型的低效是由连接运算引起的，因此在这种情况下，第二范式甚至第一范式也许是最好的选择。

（3）关系模式分解或合并

按照需求分析阶段得到的各种应用对数据处理的要求，对关系模式进行必要的分解或合并，以提高数据操作的效率和存储空间的利用率。常用的分解方法有水平分解和垂直分解。

① 水平分解：把（基本）关系模式的元组分为若干子集合，定义每个子集合为一个子关系模式，以提高系统的效率。

② 垂直分解：把关系模式的属性分解为若干子集合，形成若干子关系模式。例如学生表(学号,姓名,班级,家庭地址,...)，假设有属性 50 个，而需求中经常要处理的仅是根据学号查询姓名和班级，这时该表应垂直分解成两个表，即学生表 1(学号,姓名,班级)和学生表 2(学号,家庭地址,...)。

3.2.3　物理结构设计

为一个给定的逻辑数据模型选取一个最适合应用环境的物理结构的过程，就是数据库的物理结构设计。数据库在物理设备上的存储结构与存取方法称为数据库的物理结构，它依赖于给定的DBMS。

1. 数据库的物理结构设计的内容和方法

（1）设计物理数据库结构的准备工作

首先，应充分了解应用环境，详细分析要运行的事务，以获得所选数据库物理结构设计所需的参数；其次，应充分了解所用 RDBMS 的内部特征，特别是其提供的存取方法和存储结构。

（2）选择数据库物理结构设计所需的参数

① 数据库查询事务。

◆　查询的关系。

◆　查询条件所涉及的属性。

◆　连接条件所涉及的属性。

◆　查询的投影属性。

② 数据更新事务。

◆　被更新的关系。

◆　每个关系上的更新操作条件所涉及的属性。

◆　修改操作要改变的属性值。

③ 每个事务在各关系上运行的频率和性能要求。

◆　为关系模式选择存取方法（建立存取路径）。

◆　设计关系、索引等数据库文件的物理存储结构。

数据库系统是多用户共享的系统，对同一个关系要建立多条存取路径才能满足多用户的多种应用要求。物理结构设计的第一个任务就是要确定选择哪些存取方法，即建立哪些存取路径。

DBMS 常用的存取方法是索引方法，目前主要有 B+树方法、聚簇（Cluster）方法、Hash 方法等。

2. 数据库物理结构设计的步骤

（1）确定数据库的物理结构

① 确定数据的存放位置和存储结构。消除一切冗余数据虽能够节约存储空间和减少维护代价，但往往会导致检索代价的增加，必须进行权衡，选择一个折中方案。确定数据存放位置和存储结构的基本原则：根据应用情况将易变部分与稳定部分、存取频率较高部分与存取频率较低部分分开存放，以提高系统性能。

② 对物理结构进行评价，评价的重点是时间和空间效率。

③ 如果评价结果满足原设计要求则可进入物理实施阶段，否则，就需要重新设计或修改物理结构，有时甚至要返回逻辑结构设计阶段修改数据模型。

（2）确定系统配置

DBMS 产品一般都提供了一些存储分配参数，例如同时使用数据库的用户数、同时打开的数据库对象数、使用的缓冲区长度和个数、时间片大小、数据库的大小、装填因子、锁的数目等。

系统都为这些参数赋予了合理的默认值。但是这些值不一定适合每一种应用环境，在进行物理结构设计时，需要根据应用环境确定这些参数值，以使系统性能最优。

在进行物理结构设计时对系统配置参数的调整只是初步的，在系统运行时还要根据系统实际运行情况做进一步的调整，以期切实改进系统性能。

（3）物理实施阶段

根据逻辑结构设计的结果，在 DBMS 产品上进行物理实施。

3.3 任务实施

子任务 3-1 乐 GO 商城数据库概念结构设计

下面来看看如何根据需求实现乐 GO 商城数据库的设计，首先是概念结构设计。

1. 简要需求分析

进行概念结构设计之前必须清楚需求，乐 GO 商城简要需求分析如下。

（1）注册和登录：用户可以在商城注册，可登录商城购物，并可退出登录。

（2）首页展示：首页展示热门商品、商品分类、商城公告、热门搜索、商品预售等。

（3）分类商品展示：按类别展示商品，并分页。

（4）商品详情列表页面：展示商品详情，包括商品价格、商品描述、商品名称等。

（5）购物车管理页面：从购买页面单击"加入购物车"按钮，进入购物车管理页面，并可以对购物车进行修改商品数量、清空购物车、取消商品等操作。单击"结算"按钮可生成订单，订单包含送货信息等。

（6）购买页面：从商品详情列表页面单击"购买"按钮，进入购买页面，可以选择商品规格、分期方式等。

（7）公告详细页面：展示公告标题和公告内容等。

2. 概念结构设计过程

乐 GO 商城数据库的概念结构设计过程如下。

（1）识别需求中的名词

根据需求文档，抽取出乐 GO 商城的名词，包括商城、用户、商品、页面、广告、价格、用户名等。

（2）区分系统内名词和系统外名词

区分名词是系统内名词还是系统外名词，关键在于数据有没有必要存储。例如，商品有很多，

如衣服、鞋帽等，这些需要存储，应该属于系统内名词；而商城仅是乐 GO 商城，其没有必要在数据库中存储任何信息，名词"商城"应属于系统外名词。

经过分析，系统内名词很多，例如用户、用户名、登录密码、用户地址、商品、价格、商品图片、广告等。

（3）区分名词是实体还是属性

系统中需要再细分的是实体，不需要再细分的是属性。例如，用户需要细分成用户名、用户登录密码、用户地址、用户邮箱等，所以用户属于实体；而用户名没有必要再细分下去，则属于属性。

（4）分析实体和实体之间的关系

实体和实体之间主要有 1:1、1:n、n:m 这 3 种关系。例如用户和商品之间的关系是一个用户可以购买多件商品，一种商品可以被多个用户购买，所以它们之间的关系是 n:m。

（5）画出 E-R 模型

可以使用工具来画出 E-R 模型，下面在 PowerDesigner 中建立对应的概念模型。需要注意的是，PowerDesigner 中实体关系图用特定的符号描述各类元素，其操作步骤如下。

① 启动 PowerDesigner，新建概念模型（见图 3-10）。

选择"File"→"New Model"，弹出"New Model"对话框，在"Model type"（模型类型）中选择"Conceptual Data Model"（数据概念模型），右侧会出现"Conceptual Diagram"（概念模型图）在"Model name"文本框中输入模型名称"lgshopCDM"。单击"OK"按钮，即可创建好一个概念模型。

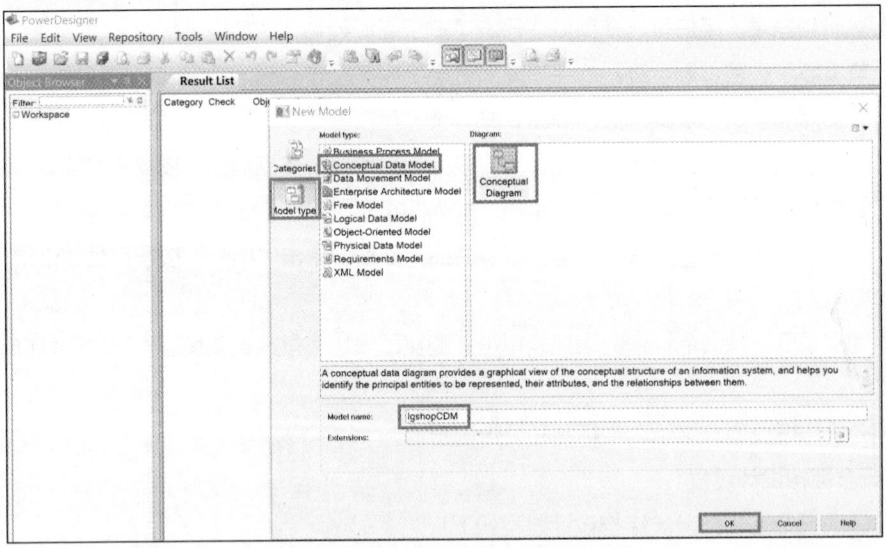

图 3-10　创建 lgshopCDM 概念模型

② 创建实体（见图 3-11）。

单击"Toolbox"面板中"Conceptual Diagram"的"Entity"工具，在模型区域单击，在鼠标指针的位置出现 Entity（实体）的图符，将名称 Entity_1 改为 lg_user，完成用户实体的创建，其他实体以此类推。

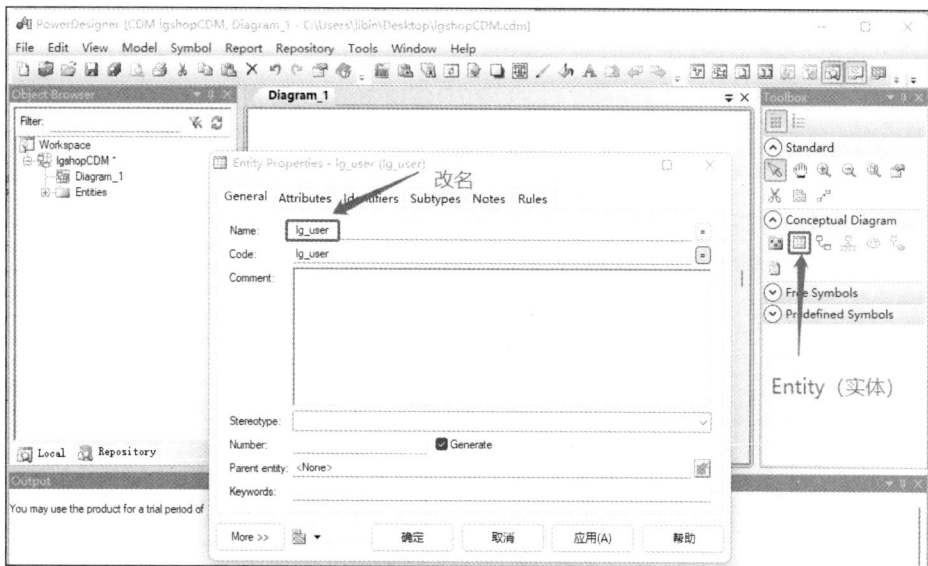

图 3-11　创建实体

③ 添加属性（见图 3-12）。

　　双击"lg_user"实体，弹出"Entity Properties"（实体属性）窗口，选择"Attributes"标签，为该实体添加相关的属性，并设置好属性的数据类型。同时注意"M"表示强制（Mandatory），即该属性不能为空；"P"表示主标识符（Primary Identifier）；"D"表示图形模式中显示该属性。这里，为用户实体添加了 userid、username、useraddress、useremail 属性。其他实体属性的添加以此类推。

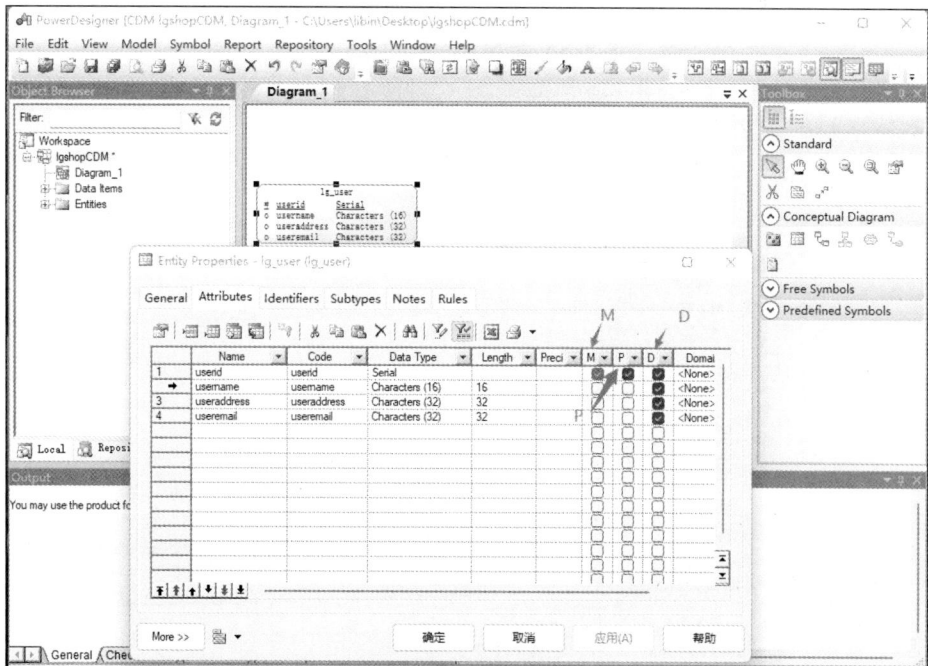

图 3-12　为实体添加属性

④ 确定实体之间的关系（见图 3-13）。

以用户和商品实体为例，用户与商品之间存在关系，用户可以购买多种类型的商品，同时一种商品可以被多位用户购买，所以用户和商品之间是"多对多"关系，购买关系中会产生新的属性购买数量。单击 Palette 面板中的"Association Link"工具，在实体"lg_user"上按住鼠标左键不放，将其拖曳到目标实体"lg_goods"，松开鼠标，这样两个实体之间就建立了关系。重命名这种购买关系为"buy"，双击"buy"，弹出"Association Properties"（关系属性）窗口，选择"Attributes"标签，添加"nums"属性。其他关系以此类推。最终的 lg_shop 概念结构设计模型（属性未完全添加）如图 3-14 所示。

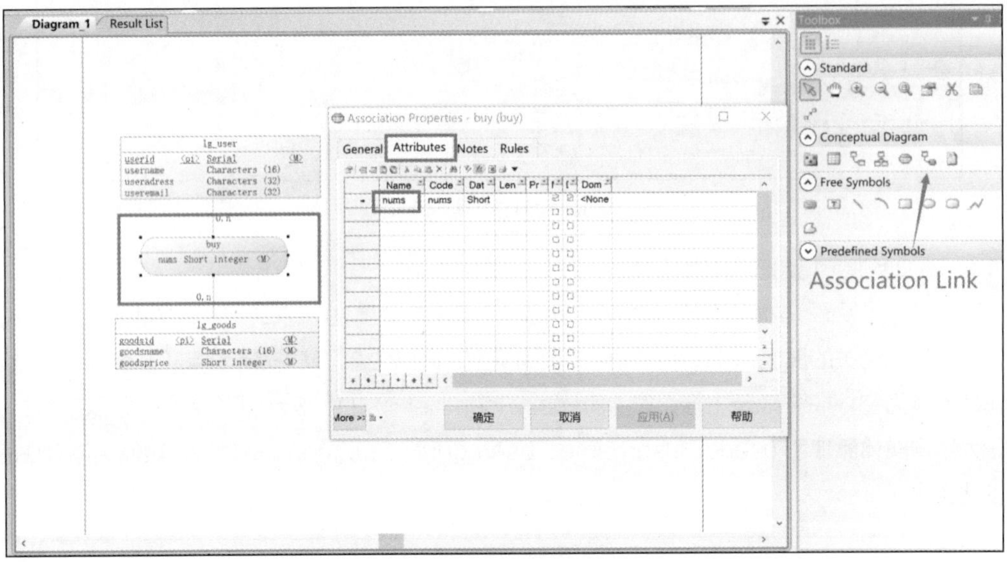

图 3-13　添加 Association Link

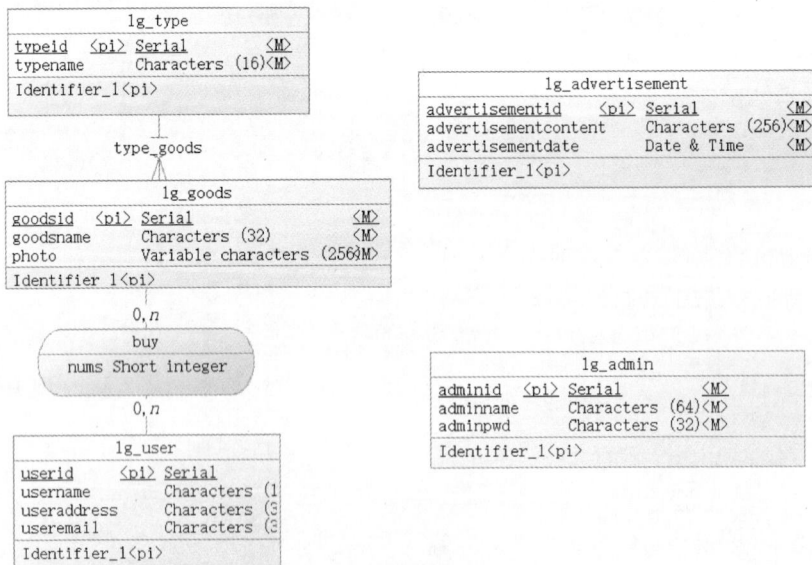

图 3-14　lg_shop 概念结构设计模型

子任务 3-2　乐 GO 商城数据库逻辑结构设计

乐 GO 商城数据库概念结构设计完成后，可以直接利用 PowerDesigner 将概念结构设计模型转化成逻辑结构设计模型，转换的结果如图 3-15 所示。

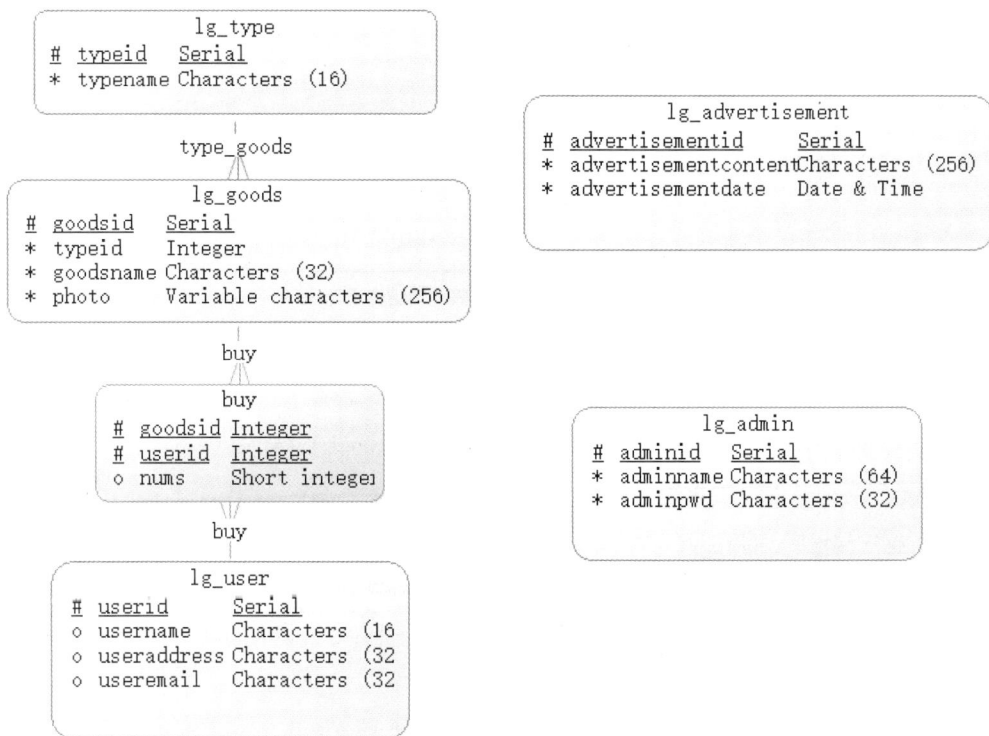

图 3-15　乐 GO 商城逻辑结构设计模型

每个实体转化为一个表，显然实体 1∶1 或者 $n∶1$ 的关系可以不用生成新的表，但 $n∶m$ 的关系，例如 lg_goods 和 lg_user 之间的关系，会生成一个新的表 user_goods，该表的主键是由原来两个实体所对应表的主键（在本表中为外键）组合而成。

实际上用户和商品之间的关系是购买关系，用户一次可以购买多个商品，所以一次购买会产生用户和多个商品之间的关系。实际项目中一次购买生成一个订单，一个订单有很多订单详情（商品详情），buy 就用于体现这种订单详情关系。

在逻辑结构设计中，考虑到实际应用中经常查询订单的详情数据，为了保证数据库访问的性能，应尽可能减少多表的连接查询，设计时可以把表 user_goods 的关系融入表 lg_indent。lg_indent 表逻辑结构设计如图 3-16 所示。

其中，commodity 字段以@字符分割存储一个订单中包含的多个商品，quantity 字段则以@字符分割存储对应商品的购买数量，从而实现了购买关系。

最后，检查各个数据表的规范性，确定所有表都已经符合第三范式。

名字	类型	排序规则	属性	空	默认	注释	额外	操作
orderid	int(11)			否	无		AUTO_INCREMENT	修改 删除 主键
userid	int(11)			否	无			修改 删除 主键
commodity	varchar(100)	gb2312_chinese_ci		是	NULL			修改 删除 主键
quantity	varchar(100)	gb2312_chinese_ci		是	NULL			修改 删除 主键
consignee	varchar(30)	gb2312_chinese_ci		是	NULL			修改 删除 主键
sex	varchar(2)	gb2312_chinese_ci		是	NULL			修改 删除 主键
address	varchar(100)	gb2312_chinese_ci		是	NULL			修改 删除 主键
postcode	varchar(10)	gb2312_chinese_ci		是	NULL			修改 删除 主键
telephone	varchar(30)	gb2312_chinese_ci		是	NULL			修改 删除 主键
email	varchar(30)	gb2312_chinese_ci		是	NULL			修改 删除 主键
express	varchar(30)	gb2312_chinese_ci		是	NULL			修改 删除 主键
orderdate	varchar(11)	gb2312_chinese_ci		是	NULL			修改 删除 主键
buyer	varchar(30)	gb2312_chinese_ci		否	无			修改 删除 主键
state	varchar(50)	gb2312_chinese_ci		是	NULL			修改 删除 主键
total	varchar(30)	gb2312_chinese_ci		是	NULL			修改 删除 主键

图 3-16　lg_indent 表逻辑结构设计

子任务 3-3　乐 GO 商城数据库物理结构设计

下面来学习如何创建和管理数据库。对 MySQL 数据库的创建和管理主要包括两种方式，一种是通过图形管理工具创建和管理数据库；另一种是通过 MySQL 的客户端程序创建和管理数据库，客户端程序的管理是通过 SQL 语句来实现的。本任务讲解第一种方式。

【微课视频】

MySQL 常用的图形化管理工具有 phpMyAdmin、MySQLDumper、Navicat、MySQL GUI Tools、MySQL Connector/ODBC 等，这些工具需要安装之后才能使用。下面以 phpMyAdmin 为例，创建和管理乐 GO 商城数据库。

phpMyAdmin 是一个用 PHP 开发的基于 Web 方式的 MySQL 图形化管理工具。PHP 集成开发环境 XAMPP 中包含 phpMyAdmin 组件，安装好 XAMPP 并成功运行 Apache 和 MySQL 服务后，在浏览器中访问 http://localhost/phpmyadmin，即可启动该工具。phpMyAdmin 主界面如图 3-17 所示。

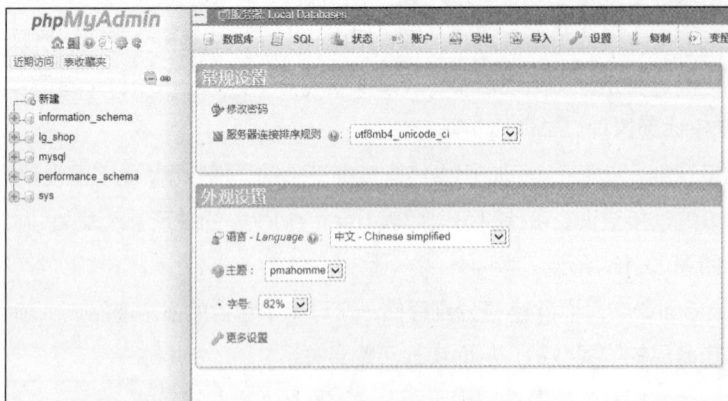

图 3-17　phpMyAdmin 主界面

1. 创建数据库

在 phpMyAdmin 主界面中可以创建数据库,创建数据库需要指定数据库的名字和编码方式,"乐 GO 商城"数据库名字为"lg_shop",采用 GB2312 编码方式, 如图 3-18 所示, 单击"创建"按钮即可完成数据库的创建。

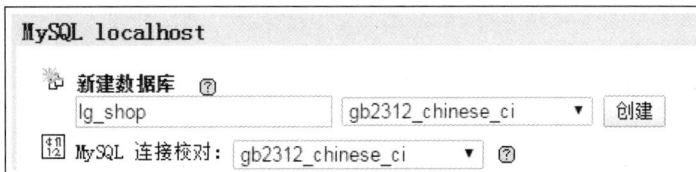

图 3-18　创建数据库

2. 创建数据表

数据库创建后,进入创建数据表界面,如图 3-19 所示。在此,输入数据表的名字和字段数,例如,输入表名为"lg_type"、字段数为"3"。

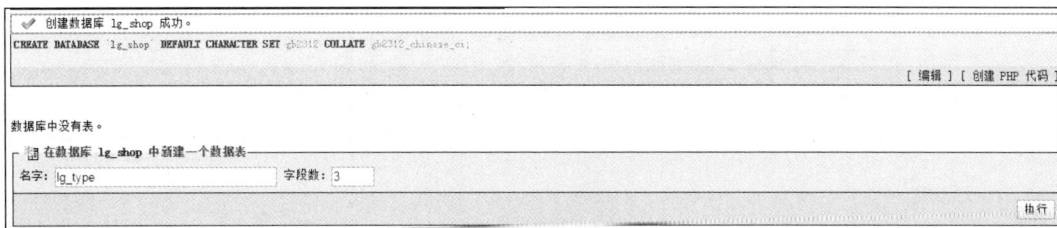

图 3-19　创建数据表

单击"执行"按钮,进入设置数据表字段界面,如图 3-20 所示。在此可以设置字段的名字、类型、长度/值、默认、排序规则、属性、是否为空(Null)、索引和自动增长(A_I)等。设置完毕后,单击"保存"按钮,完成数据表字段的创建。

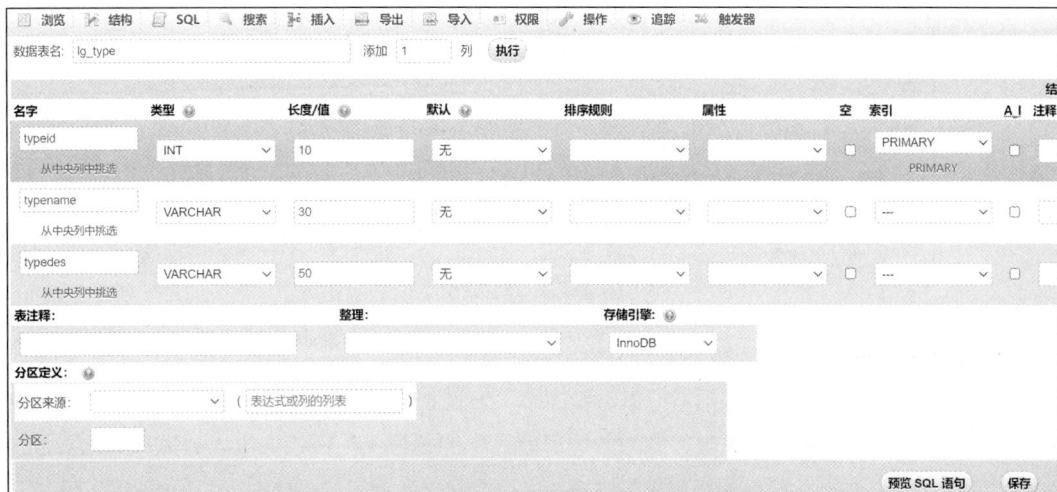

图 3-20　设置数据表字段

79

数据表创建成功后，进入数据表"结构"界面，在"结构"界面可以修改表结构，例如添加字段、删除字段、设置主键/索引、修改字段名字等。

如需删除数据表，单击导航中的"删除"按钮即可。

3. 添加数据

在数据表界面中，单击"插入"按钮，进入添加数据界面，输入"值"后，单击"执行"按钮，即可将数据添加到数据表中。

4. 运行 SQL 语句

在数据库或数据表界面顶部都有"SQL"按钮，单击后进入相应 SQL 语句执行界面，如图 3-21 所示。在此界面可以编写并运行 SQL 语句。

5. 建立索引

由于用户要经常对商品进行搜索，也就是在表 lg_goods 中经常要对字段 goodsname 进行搜索，因此应该在字段上建立索引 goodsname，以提高检索速度。单击界面左侧的表名 lg_goods，然后在右侧界面中找到字段 goodsname，单击该字段所在行的"索引"按钮，在弹出的对话框中单击"确定"，即可建立索引，如图 3-22 所示。

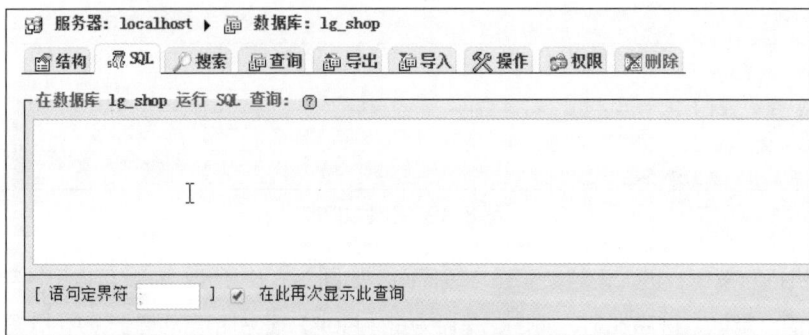

图 3-21　SQL 语句执行界面

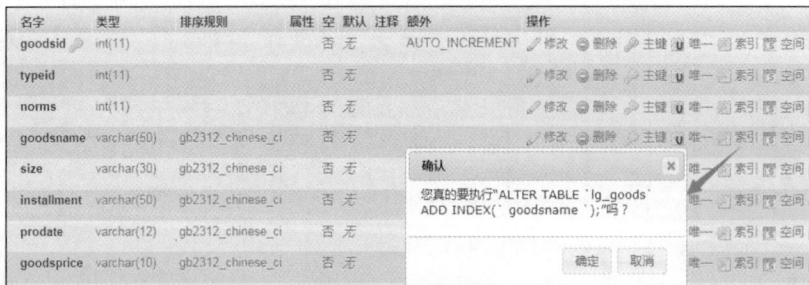

图 3-22　建立索引

6. 数据库的备份

数据库的管理经常需要对数据进行备份和还原，在 phpMyAdmin 中通过导出、导入方式备份和还原数据库。选择 lg_shop 数据库，单击导航栏中的"导出"按钮，进入数据库导出界面，如图 3-23 所示。在此，可以选择导出的数据表，以及导出数据表的具体内容和导出的保存形式，并在界面下方指定保存的文件名。最后，将 SQL 文件保存到磁盘上，完成数据备份。

（a）

（b）

图3-23　数据库导出部分界面

7. 数据库的还原

单击导航栏中的"导入"按钮，进入SQL文件导入界面，如图3-24所示。单击"选择文件"按钮，选择需要导入的SQL文件，然后单击"执行"按钮，系统将执行SQL文件中的SQL命令，完成数据还原。

图 3-24　数据库导入部分界面

数据库创建好之后，会保存在 MySQL 安装路径下的 data 文件中，每一个数据库对应一个文件夹，通过文件夹操作也可以实现数据库的备份和还原。

掌握 phpMyAdmin 的基本操作后，使用 phpMyAdmin 完成商城数据库和数据表的创建。

子任务 3-4　数据库的创建与管理

MySQL 是基于客户端/服务器（Client/Server，C/S）结构的 DBMS，通过客户端成功连接服务器后，再通过必要的操作指令对其进行操作，这种数据库操作指令被称为 SQL（Structure Query Language，结构查询语言）。SQL 结构简洁、功能强大，自 IBM 公司于 1981 年推出以来，SQL 得到了广泛的应用，目前 MySQL、Oracle、SQL Server、Sybase、DB2 等数据库都采用 SQL 作为查询语言。SQL 包含以下 4 个部分。

◆　数据定义语言（Data Definition Language，DDL）：用于定义和管理数据库对象，包括数据库、数据表、索引、视图等，涉及 create、drop、alter 等语句。

◆ 数据操纵语言（Data Manipulation Language，DML）：用于操作数据库对象中所包含的具体数据，涉及 insert、update 和 delete 等语句。

◆ 数据查询语言（Data Query Language，DQL）：用于查询数据库对象中所包含的数据，涉及 select 语句。

◆ 数据控制语言（Data Control Language，DCL）：用于管理数据库，包括管理权限和数据更改，涉及 grant、revoke、commit 和 rollback 等语句。

下面在 MySQL 客户端（控制台）环境下，应用 SQL 语句完成商城数据库的创建与管理。

1. 登录 MySQL 服务器

在 XAMPP 控制面板中，单击"Shell"按钮，打开客户端命令提示符窗口，然后执行"mysql -uroot -p"，提示输入密码，输入 MySQL 服务器登录密码，（若无密码则直接按"Enter"键），当提示符变为"MariaDB [(none)]>"时就代表以 root 用户身份登录到 MySQL 服务器，如图 3-25 所示。

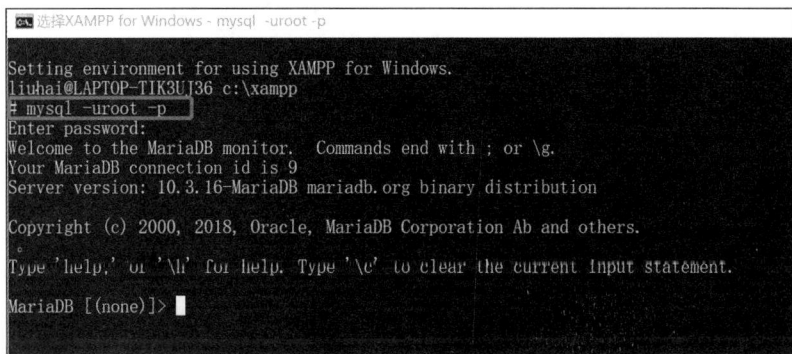

图 3-25　MySQL 客户端命令提示符窗口

2. 创建数据库

创建数据库是创建其他数据库对象的基础，其语法格式如下：

```
create database db_name;
```

其中，db_name 是要创建的数据库名称；";"是 SQL 语句的默认结束标志。

例如，创建名称为 lg_shop1 的数据库，命令和效果如图 3-26 所示。

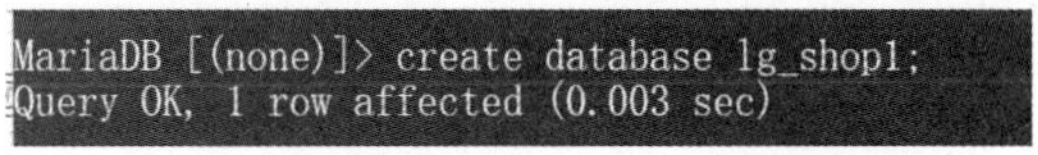

图 3-26　创建名称为 lg_shop1 的数据库

3. 查看数据库

查看当前服务器中数据库的语法格式如下：

```
show databases [LIKE wild];
```

其中，LIKE wild 是可选项，用来指定显示模式匹配的数据库；wild 是一个字符串，它可以包含 SQL 通配符"_"（匹配单个字符）和"%"（匹配任意数目字符）。

例如，显示当前服务器中名称前两个字符是"lg"的数据库，命令和效果如图 3-27 所示。

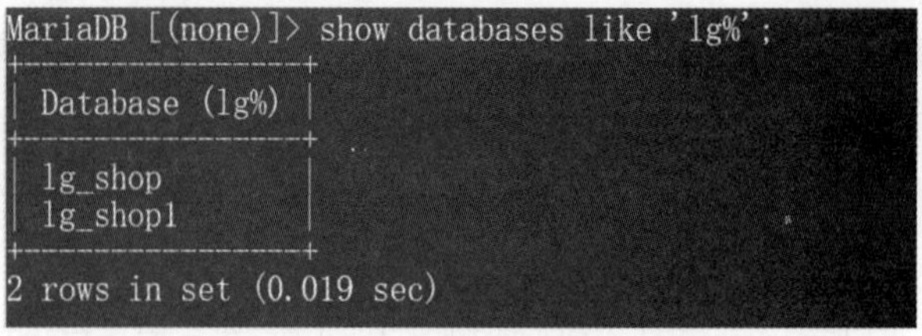

图 3-27　显示当前服务器中名称前两个字符是"lg"的数据库

4. 指定当前数据库

服务器中可能会存有多个数据库，如果要使用某个数据库，需要将其指定为当前数据库，其语法格式如下：

```
use db_name;
```

例如，将 lg_shop1 数据库设置为当前数据库，命令和效果如图 3-28 所示。

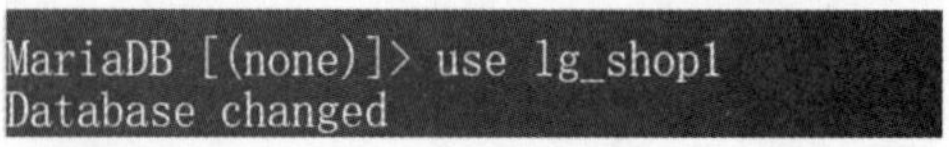

图 3-28　将 lg_shop1 数据库设置为当前数据库

5. 删除数据库

删除数据库的语法格式如下：

```
drop database db_name;
```

删除命令会删除数据库中的所有表和数据，故不要轻易地使用该命令。例如，将刚才建立的 lg_shop1 数据库删除，命令和效果如图 3-29 所示。

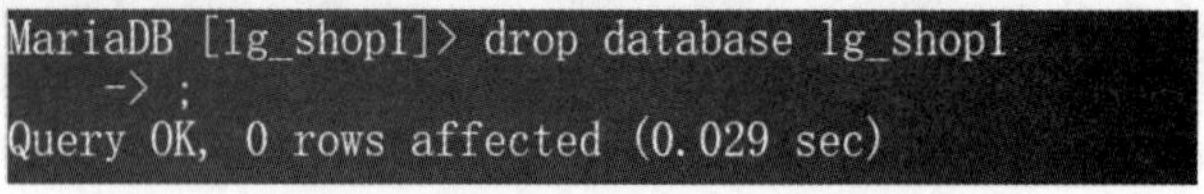

图 3-29　删除 lg_shop1 数据库

3.4　问题思考

问题思考：在数据库概念结构设计中如果出现 3 个实体集之间的关系，该怎么办？例如用户、订单、商品之间的关系。

提示：一般来说，对于三者之间的关系的表示，不建议使用三角关系，建议使用传递关系或者一个关系。

3.5　技术拓展

如今随着应用程序数据规模的不断扩大，数据库的操作性能成为整个应用的性能瓶颈，这一点对于 Web 应用来说尤其明显。数据库的性能，不仅是数据库管理员需要担心的事，还是程序员需要去关注的事情。设计数据表结构和操作数据库（尤其是查表时使用的 SQL 语句）时，都需要注意数据库的操作性能。下面重点针对如何优化 MySQL 数据库性能进行探讨。

1. 为查询缓存优化查询

大多数的 MySQL 服务器都开启了查询缓存，这是提高性能较有效的方法之一。当很多相同的查询被执行了多次时，这些查询的结果会被放到缓存中，这样，后续相同的查询不用操作表，仅需直接访问缓存结果。

但是有些问题容易被程序员忽略掉，比如某些查询语句会让 MySQL 不使用缓存，如代码 3-1 所示。

代码 3-1　缓存的开启与关闭

```
//关闭缓存
$r = MySQLi_query("select username from user where sigup_date>=curdate()");
//开启缓存
$todaty = date("Y-m-d");
$r = MySQLi_query("select username from user where sigup_date>=$todaty ");
```

上述代码中两条 SQL 语句的差别为是否使用 CURDATE()函数，MySQL 的查询缓存对这个函数不起作用。所以，NOW()和 RAND()函数或是其他的此类 SQL 函数都不会开启查询缓存，因为这些函数的返回值是变化的。所以，编程时需要用一个变量来代替 MySQL 的函数，从而开启缓存。

2. 使用 EXPLAIN SELECT 分析查询

使用 EXPLAIN 关键字了解 MySQL 是如何处理 SQL 语句的，从而分析查询语句或表结构的性能瓶颈。

EXPLAIN 关键字的查询结果会反映出索引主键是如何被利用的、数据表是如何被搜索和排序的等。

挑选一个 SELECT 语句（推荐挑选复杂的、有多表连接的），把关键字 EXPLAIN 加到前面，变化不同的选择语句，会看到语句执行时查询的行数，从而分析出选择语句的问题。EXPLAIN SELECT 查询的效果如图 3-30 所示。

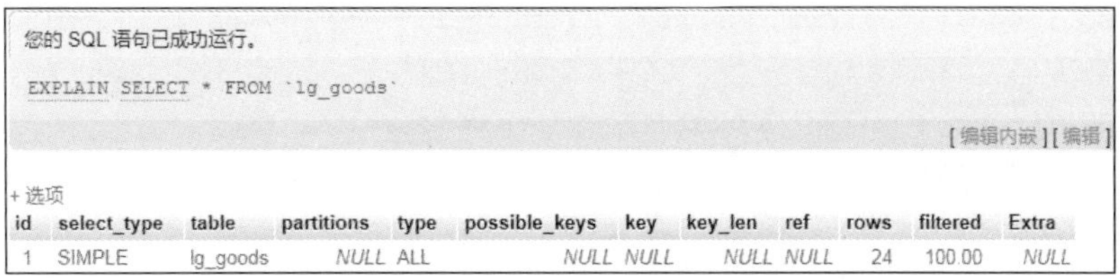
您的 SQL 语句已成功运行。

EXPLAIN SELECT * FROM `lg_goods`

[编辑内嵌] [编辑]

+ 选项

id	select_type	table	partitions	type	possible_keys	key	key_len	ref	rows	filtered	Extra
1	SIMPLE	lg_goods	NULL	ALL	NULL	NULL	NULL	NULL	24	100.00	NULL

图 3-30　EXPLAIN SELECT 查询的效果

3. 尽量使用 LIMIT 1

当表中的记录很多时，若想查询符合某个条件的记录，可以扫描全部记录，但是这样耗时且效率不高。若只关心是否存在符合某个条件的记录，只需在查询时加上 LIMIT 1，这样 MySQL 数据库引擎会在找到一条符合条件的记录后停止搜索，从而提高检索速度。

代码 3-2 只是为了找“country='china'”的用户，显然第二条语句会比第一条语句效率更高。

需要注意的是，第一条语句中使用的是 Select *，第二条语句中使用的是 Select 1。

代码 3-2　查询效率比较

```
//效率较低
$r = MySQLi_query("select * from user where country='china'");
//效率较高
$r= MySQLi_query("select 1 from user where country='china'limit 1")
```

4. 为搜索字段建立索引

并不是只能给主键或是唯一的字段建立索引。如果在表中经常用某个字段来进行搜索，那么应该为其建立索引。

如图 3-31 所示，这里的 introduction 为模糊查询字段，则应该为其建立索引。

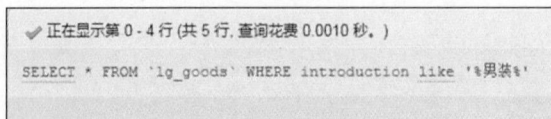

图 3-31　模糊查询字段

5. 被 JOIN 的字段应是相同类型的，并应该为其建立索引

如果应用程序有很多 JOIN 查询，应该确认两个表中 JOIN 的字段是否已经被建立索引。为字段建立索引后，MySQL 内部会启动优化 JOIN 查询的 SQL 语句机制。

而且这些被用来 JOIN 的字段，应该是相同类型的。如果要把 DECIMAL 字段和一个 INT 字段 JOIN 在一起，MySQL 就无法使用它们的索引。对于 STRING 类型的字段，还要求使用相同的字符集。

6. 不要使用 ORDER BY RAND()

打乱返回的数据行或随机挑选一个数据，千万不要使用 ORDER BY RAND()，否则会让数据库的性能呈指数级下降。因为 MySQL 不得不去执行 RAND()函数（很耗 CPU 时间），而且会为每一行记录去标记行数，然后对其排序。代码 3-3 用于随机挑选一条记录。

代码 3-3　随机挑选一条记录

```
//千万不要这么做
$r = MySQLi_query("select username from user order by rand() limit 1")
//这样会更好
$r = MySQLi_query("select count(*)" from user);
$d = msyqli_fetch_row($r);
$rand = mt_rand(0,$d[0]-1);
$r = MySQLi_query("select username from user limit $rand,1");
```

7. 避免 SELECT *

从数据库里读出越多的数据，查询就会变得越慢。并且，如果数据库服务器和 Web 服务器是两台独立的服务器，那么还会增加网络传输的负载。所以，程序员应该养成需要什么就取什么的好习惯。

8. 为每张表设置一个 ID

应该为数据库里的每张表都设置一个 ID 作为其主键，而且最好是 INT 类型的（推荐使用 UNSIGNED），并设置自动增加的 AUTO_INCREMENT 标志。

9. 使用 ENUM 类型而不是 VARCHAR 类型

ENUM 类型的数据虽然显示为字符串，但实际保存的是"TINYINT"类型的数据，所以其执行速度快且存储空间小。一些选项列表字段用 ENUM 类型来保存是很合适的。例如"性别""国家""民族""状态""部门"等，这些字段的取值是有限且固定的，则应该使用 ENUM 类型而不是 VARCHAR 类型。

10. 尽量使用 NOT NULL

除非有特殊的原因，所有的字段尽量使用 NOT NULL。首先，对于 Empty 和 NULL（如果是 INT 类型，那就是 0 和 NULL），如果觉得它们之间没有什么区别，就不要使用 NULL。其次，NULL 需要额外的空间，NULL 在和其他数据进行比较的时候，程序会更复杂且耗时。

11. 把 IP 地址存成 UNSIGNED INT 类型

很多程序员都习惯创建一个 VARCHAR(15)字段来存放字符串形式的 IP（Internet Protocol，互联网协议）地址。然而，如果用整型形式来存放 IP 地址，只需要 4 个字节，并且是定长的字段，这在有些时候会带来查询上的优势，比如当使用 WHERE 条件时，"Where IP between ip1 and ip2" 类似语句可以正确快速执行。

必须使用 UNSIGNED INT 来存放 IP 地址，因为 IP 地址会使用整个 32 位的无符号整型形式。查询时可以使用 INET_ATON()来把一个字符串型 IP 地址转换成一个整型 IP 地址（如代码 3-4 所示），或使用 INET_NTOA()把一个整型 IP 地址转成一个字符串型 IP 地址。在 PHP 中，也有类似的函数，即 ip2long()和 long2ip()。

代码 3-4　字符串转换

```
$r = "update users set ip =
INET_ATON('{$SERVER['REMOTE_ADDR']}') where user_id=$user_id ";
```

12. 固定长度的表会更快

如果表中的所有字段都是"固定长度"的，整个表会被认为是"static"或"fixed-length"的。固定长度的表可以提高性能，这样 MySQL 搜寻会会快一些，因为对于固定长度的表很容易计算数据的偏移量，所以读取得自然也快。而如果字段不是定长的，那么每一次查找下一条数据时，程序都需要先查找主键。固定长度的表也更容易被缓存和重建。

固定长度的字段也存在缺点，即有可能浪费一些空间，因为固定长度的字段无论用或不用，都需要分配固定长度的空间。

13. 对大量数据执行 DELETE 或 INSERT 语句前应先拆分

如果需要在一个在线的网站上对大量数据执行 DELETE 或 INSERT 语句，需要非常小心，以防误操作导致网站停止响应，因为执行这两种语句是会锁表的。

Apache 有很多的子进程或线程，所以，其工作起来效率很高。而服务器不希望有太多的子进程、线程和数据库连接，因为这会占用很多服务器资源，尤其是占用内存。如果把表锁上一段时间，例如 20 秒，那么对于一个访问量很高的站点来说，这 20 秒所积累的访问进程/线程、数据库连接、打开的文件数，可能不仅仅会使 Web 服务崩溃，还可能会让整台服务器停止运行。

所以，如果要对大量数据执行 DELETE 或 INSERT 语句，请尽量先拆分，如代码 3-5 所示。

代码 3-5　拆分数据量大的语句

```
While(1)
{
//每次只做 1000 条
mysqli_query("delete from logs where log_date<='2017-11-01' limit 1000")
If(mysqli_effect_rows()==0)
        {break;}
Usleep(50000);
}
```

14. 越小的列越快

对于大多数的数据库引擎来说，硬盘操作可能是最大的瓶颈。所以，应把数据变得紧凑，从而减少对硬盘的访问。

如果一个表只有几列（如字典表、配置表），那么不建议使用 INT 类型数据字段来作主键，使用 MEDIUMINT、SMALLINT 或是更小的 TINYINT 会更好一些。如果不需要记录时间，使用 DATE 要比 DATETIME 更合适。

3.6　学习小结

本任务介绍数据库的设计和实现，重点介绍了数据库的设计技术和如何使用 MySQL 数据库管理系统进行数据库的管理。

1. 数据库设计技术

数据库设计的主要目的是将现实世界中的事物及关系用数据模型描述，即信息数据化。数据库建模技术主要包括建立数据库的概念模型、逻辑模型和物理模型。概念结构设计的主要工作是设计数据库的实体-关系（E-R）模型；逻辑结构设计主要是将概念模型转化为关系数据库模型；物理结构设计主要是把逻辑结构模型转化为具体的数据库实现。

2. 数据库设计的实现

以乐 GO 商城为例，根据需求，使用了 PowerDesigner 工具来实现 lg_shop 数据库的概念结构模型和逻辑结构模型的设计，并利用 XAMPP 工具自带的 phpMyAdmin 工具来实现 lg_shop 数据库的物理结构设计。

3.7　课后练习

简答题

1. 某课程管理系统有如下特点：一个系可开设多门课程，但一门课程只在一个系开设；一个学生可选修多门课程，每门课程可供若干学生选修；一名教师只教一门课程，但一门课程可由几名教师讲授；每个系聘用多名教师，但一个教师只能被一个系所聘用。要求这个课程管理系统能查到任何一个学生某门课程的成绩，以及这个学生的这门课程是哪个老师所教的。

（1）请根据以上描述，绘制相应的 E-R 模型，并直接在 E-R 模型上注明实体名、属性、关系类型。

（2）将 E-R 模型转换成关系模型，画出相应的数据库模型图，并说明主键和外键。

（3）分析关系模式中所包含的函数依赖，根据这些函数依赖，分析相应的关系模式达到了第几范式，并对这些关系模式进行规范化。

2．设某汽车运输公司数据库中有 3 个实体集。一是"车队"实体集，属性有车队号、车队名等；二是"车辆"实体集，属性有牌照号、厂家、出厂日期等；三是"司机"实体集，属性有司机编号、姓名、电话等。车队与司机之间存在"聘用"关系，每个车队可聘用若干司机，但每个司机只能受聘于一个车队，车队聘用司机有"聘用开始时间"和"聘期"两个属性；车队与车辆之间存在"拥有"关系，每个车队可拥有若干车辆，但每辆车只能属于一个车队；司机与车辆之间存在着"使用"关系，司机使用车辆有"使用日期"和"公里数"两个属性，每个司机可使用多辆汽车，每辆汽车可被多个司机使用。

（1）请根据以上描述，绘制相应的 E-R 模型，并直接在 E-R 模型上注明实体名、属性、关系类型。

（2）将 E-R 模型转换成关系模型，画出相应的数据库模型图，并说明主键和外键。

（3）分析关系模式中所包含的函数依赖，根据这些函数依赖，分析相应的关系模式达到了第几范式，并对这些关系模式进行规范化。

3．设某商业集团数据库中有 3 个实体集。一是"仓库"实体集，属性有仓库号、仓库名和地址等；二是"商店"实体集，属性有商店号、商店名、地址等；三是"商品"实体集，属性有商品编号、商品名、单价等。仓库与商品之间存在"库存"关系，每个仓库可存储若干种商品，每种商品存储在若干仓库中，库存有"库存量"和"存入日期"属性；商店与商品之间存在着"销售"关系，每个商店可销售若干种商品，每种商品可在若干商店里销售，每个商店销售一种商品有月份和月销售量两个属性；仓库、商店、商品之间存在一个三元关系"供应"，反映了把某个仓库中存储的商品供应到某个商店，此关系有"月份"和"月供应量"两个属性。

（1）请根据以上描述，绘制相应的 E-R 模型，并直接在 E-R 模型上注明实体名、属性、关系类型。

（2）将 E-R 模型转换成关系模型，画出相应的数据库模型图，并说明主键和外键。

（3）分析关系模式中所包含的函数依赖，根据这些函数依赖，分析相应的关系模式达到了第几范式，并对这些关系模式进行规范化。

任务四
乐GO商城数据访问层开发

04

学习目标

➤ **职业能力目标**

1. 能使用PHP开发工具。
2. 能使用PHP相关方法访问数据库。
3. 促进学生养成良好的编程习惯：命名规范、缩进合理、注释清晰、可读性强。
4. 能使用数据库访问函数编写数据表的数据访问层代码。
5. 通过项目案例，培养学生分析问题、解决问题的能力。

➤ **知识目标**

1. 掌握PHP数据库访问方法。
2. 初步了解数据访问层的分层设计理念。

4.1 任务引导

网站功能模块的开发通常由多人共同完成。有的网站采用按功能模块划分任务的方式，即每个人从操作数据库、完成业务逻辑到实现界面都要独自完成，这种方法显然有很多弊端，主要包括：①每个开发人员都需要掌握各种技术，还要有很强的业务逻辑的理解能力；②每个人的开发习惯不同，使得各部分代码繁杂且可读性差；③后期的完善、维护都会由于代码逻辑不一致性造成很多麻烦。

要解决以上问题，就应该将软件项目开发进行分层处理，这其实可以简单地理解为工种分层、规范代码。工种主要可分为界面设计人员、业务实现人员和数据库设计人员。

界面设计人员的工作就是设计程序界面，然后将信息提交给业务层，不需要考虑业务层的逻辑关系；业务实现人员的工作是处理界面提交的数据请求，完成逻辑流程，并连接数据访问层，而不用考虑界面设计的样式、风格，也不用考虑数据库的格式；数据库设计人员的工作是设计、规划数据库并设计完善的架构系统，主要是屏蔽掉数据库间的差异，为业务层提供便捷的操作功能。由上述介绍可知，一个团队采用多层开发可以合理地分配人员工作，将每个人放到适合的岗位上，技术人员的精力集中在关键部位的开发上，重复简单的劳动（如界面设计）则由界面设计人员来完成。

本章主要介绍使用 PHP 强大的数据库访问能力来实现乐 GO 商城的数据访问层代码。

乐 GO 商城系统开发小组在开发时发现,对数据库的各种操作对于用户视图而言是相互独立的,因此可将对数据表的访问操作抽象成数据访问层,以便在实现商城功能时重用这些数据库访问操作方法。现要求根据系统需求,完成以下任务:设计商城系统数据访问层框架;实现对用户表、管理员表、公告表、商品表、产品类型表、订单表进行操作的函数。

4.2 知识准备

与其他高级语言一样,PHP 也提供了访问数据库的功能。在 PHP 中通过两个扩展库来实现对 MySQL 数据库的支持:MySQL 扩展库和 MySQLi 扩展库。MySQL 扩展库支持对 MySQL 的常规操作;MySQLi 扩展库则提供了对 MySQL 更完善的支持,增加了对 MySQL 新特性的支持。在 PHP 7.6 后不建议使用 MySQL 扩展库,下面将以 MySQLi 扩展库函数为例介绍数据库访问技术。为使 PHP 支持数据库的访问功能,需要在 PHP 配置文件 (php.ini) 中加载 MySQLi 扩展库。下面以 Windows 系统下的配置为例,打开 PHP 安装目录下的 php.ini 文件,在文件中添加如下语句:

【微课视频】

```
extension=php_mysqli.dll
```

修改完上述配置文件之后,重启 Apache 服务器,该设置才能生效。

4.2.1 PHP 访问数据库的一般步骤

使用 PHP 访问和操作 MySQL 的步骤如下。

◆ 建立 MySQL 连接。

◆ 选择数据库。

◆ 定义 SQL 语句。

◆ 执行 SQL 语句。向 MySQL 发送 SQL 请求,MySQL 收到 SQL 语句后执行 SQL 语句,并返回执行结果。

◆ 读取、处理结果。

◆ 释放内存,关闭连接。

4.2.2 建立数据库连接

MySQLi 扩展库函数提供了 mysqli_connect()函数,用于打开一个到 MySQL 服务器的新的连接,该连接在当前程序文件执行结束时会自动关闭,同时支持使用 mysqli_close()函数手动关闭。

mysqli_connect()函数的语法格式如下:

```
mysqli_connect(host,username,password,dbname,port,socket);
```

上述语法格式中各参数含义如下。

◆ host：可选参数，为 MySQL 服务器主机名或 IP 地址。

◆ username：可选参数，为连接 MySQL 服务器的用户名。

◆ password：可选参数，为连接 MySQL 服务器的用户密码。

◆ dbname：可选参数，为默认使用的数据库。

◆ port：可选参数，为尝试连接 MySQL 服务器的端口号。

◆ socket：可选参数，为套接字或要使用的已命名管道。

该函数会返回一个 MySQL 服务器的连接对象，该对象建立一个到 MySQL 服务器的连接。函数执行成功后则返回被建立的连接引用，否则返回 false。在调用函数不指定 host、username 和 password 时，默认连接"localhost:3306"服务器，使用当前服务器登录账户作为用户，使用空密码。

【例 4-1】创建一个与 MySQL 数据库连接的自定义函数，如代码 4-1 所示。

代码 4-1　创建与 MySQL 数据库连接的自定义函数

```
<html>
<head>
<meta http-equiv="Content-Type" content="text/html; charset=utf-8"/>
<title>例 4-1</title>
</head>
<body>
<?php
/*
* 建立与数据库的连接
*/
function get_Connect(){
$con=mysqli_connect("localhost","my_user","my_password","my_db") or die("连接
错误: " . mysqli_connect_error());
  if($conn=get_Connect()){
echo "连接成功!".mysqli_get_host_info($con);
  }
?>
</body>
</html>
```

上述代码中定义了一个名为 get_Connect 的函数，在该函数中使用 mysqli_connect()函数创建了与地址为"localhost"的数据库的连接。在创建时，如果发生错误，也就是 mysqli_connect()函数返回 false 时，则执行 or（逻辑或）运算符右边的表达式，即执行 die()函数。die()函数是 PHP 系统函数，它的功能是输出一条消息，并退出当前程序。使用这条语句与 or 运算符就构成了对 mysqli_connect()函数的错误处理方法。mysqli_get_host_info()函数用于获取指定连接的 MySQL 主机信息。当成功创建与数据库的连接时，程序输出"连接成功! localhost via TCP/IP"，否则输出"连接错误: Unknown database'my_db'"等错误提示。

4.2.3　选择数据库

当连接到服务器之后，在执行 SQL 语句之前，需要先选择待操作的数据库，这样才能使该数

据库处于激活状态，作为后续数据库操作的默认对象。在 PHP 中使用 mysqli_select_db()函数选择数据库，该函数的语法格式如下：

```
mysqli_select_db(connection,dbname);
```

上述语法格式中各参数的定义如下。

◆ connection：必选参数，用于规定要使用的 MySQL 连接的名称。

◆ dbname：必选参数，用于规定要使用的数据库的名称。

上述函数执行后将返回布尔值，如果成功执行返回 true，否则返回 false。

【例 4-2】在例 4-1 的基础上，选择乐 GO 商城数据库（lg_shop）作为后续操作的数据库。

分析：在例 4-1 程序中定义的 get_Connect()函数的基础上，使用 mysqli_select_db()函数完成对数据库的选择，程序如代码 4-2 所示。

代码 4-2　创建自定义函数并完成对数据库的选择

```
<html>
<head>
<meta http-equiv="Content-Type" content="text/html; charset=utf-8" />
<title>例 4-2</title>
</head>

<body>
<?php
/*
* 建立与数据库的连接
*/
function get_Connect(){
$con=mysqli_connect("localhost","my_user","my_password","my_db") or
        die("连接错误: " . mysqli_connect_error() );

$db =  mysqli_select_db($con,"lg_shop") or
die ("选择数据库错误".mysqli_select_db_error());
mysqli_query($con,"set names gb2312");
return $con;
}
if($conn=get_Connect()){
  echo "连接成功".mysqli_error($conn);
}
?>
</body>
</html>
```

4.2.4　执行数据表操作

通常在应用系统中对数据库执行的是增加（Create）、删除（Delete）操作、更新（Update）和查询（Retrieve），即增删改查操作。在 PHP 中同样支持对数据表的增删改查操作，可通过表 4-1 所示的函数来实现这些功能。

表 4-1　数据库操作函数

序号	函数	描述
1	mysqli_query (connection, query, resultmode)	向指定连接发送一条 SQL 语句，参数 query 为要发送的 SQL 语句；connection 为数据库连接；resultmode 可选。针对成功的 SELECT、SHOW、DESCRIBE 或 EXPLAIN 查询，将返回一个 mysqli_result 对象。针对其他成功的查询，将返回 true。如果失败，则返回 false
2	mysqli_num_rows(result)	用于获取结果的行数，参数 result 为必选参数，是由 mysqli_query()、mysqli_store_result()或 mysqli_use_result() 返回的结果集标识符
3	mysqli_num_fields(result)	用于获取结果集中字段的数目，参数 result 为必选参数，是由 mysqli_query()、mysqli_store_result()或 mysqli_use_result()返回的结果集标识符
4	mysqli_fetch_array(result, resulttype)	从结果集中取得结果集指针指向的记录行，由记录行各个字段的内容组成一个数组。参数 result 为必选参数，是由 i_query()、mysqli_store_result()或 mysqli_use_result() 返回的结果集标识符；参数 resulttype 为可选参数，用于规定应该产生哪种类型的数组，可以为 MYSQLI_ASSOC、MYSQLI_NUM、MYSQLI_BOTH 中的一个
5	mysqli_fetch_assoc(result)	与 mysqli_fetch_array()具有相同的功能，返回数组中每个元素对应的字段，且元素键名为字段名，字段值为元素值。参数 result 为必选参数，是由 mysqli_query()、mysqli_store_result()或 mysqli_use_result() 返回的结果集标识符
6	mysqli_fetch_row(result)	从结果集中取得一行，并作为枚举数组返回，返回一个与所取得行相对应的字符串数组。如果在结果集中没有更多的行则返回 NULL。参数 result 为必选参数，是由 mysqli_query()、mysqli_store_result()或 mysqli_use_result() 返回的结果集标识符
7	mysqli_free_result(result)	释放结果集
8	mysqli_close(connection)	关闭数据库连接，参数 connection 为必选参数，用于规定要关闭的 MySQL 连接

利用表 4-1 中的函数来实现对数据表的查询功能。下面以乐 GO 商城数据库（lg_shop）中的用户表为例来介绍增删改查操作的实现方法。

1. 执行查询操作

【例 4-3】编写程序查询并显示乐 GO 商城数据库中的用户表的记录。

分析：要获得用户表（lg_user）中的记录，在创建与数据库连接的基础上，使用 mysqli_query() 函数执行一条 SQL 语句。由于要显示所有用户记录，因此该 SQL 语句是 "select * from lg_user"。实现该功能的程序如代码 4-3 所示。

代码 4-3　查询并显示乐 GO 商城数据库中的用户表的记录

```
<html>
<head>
<meta http-equiv="Content-Type" content="text/html; charset=utf-8" />
<title>例 4-3</title>
</head>

<body>
<?php
```

```php
/*
 * 建立与数据库的连接
 */
function get_Connect(){
    $con=mysqli_connect("localhost","my_user","my_password","my_db") or
            die("连接错误: " .mysqli_connect_error() ;
    $db =  mysqli_select_db($con,"lg_shop") or
            die ("选择数据库错误".mysqli_select_db_error(););
    mysqli_query($con,"set names gb2312");
    return $con;
}


/*
 * 获取所有用户信息
 */
function getUsers(){
    $conn = get_Connect();//创建与数据库的连接
    $query = "select * from lg_user";//查询语句
    $result = array();//定义查询结果
    $rs = mysqli_query($conn,$query) or die("查询错误! ");//执行查询
    for($i=0;$i<mysqli_num_rows($rs);$i++){//循环读取查询结果集
        $result[$i] = mysqli_fetch_array($rs);//从结果集中读取一行记录，保存到数组中
    }
    mysqli_free_result($rs);//释放结果集
    mysqli_close($conn);//关闭连接
    return $result;//返回查询结果
}
$result = getUsers();//读取用户信息
?>
<h2 align="center">用户列表</h2>
<table border="1" cellpadding="0" cellspacing="0" align="center">
<tr height="30px">
<td width="10%">用户编号</td>
<td width="10%">用户名</td>
<td width="10%">密码</td>
<td width="10%">邮箱</td>
<td width="30%">地址</td>
<td width="20%">电话</td>
<td width="10%">注册时间</td>
</tr>
<?php
$bgcolor = "#ffffff";
foreach($result as $rec){//显示查询到的各行记录
    if($bgcolor=="#ffffff"){
        $bgcolor = "#dddddd";
    }else{
        $bgcolor = "#ffffff";
```

```
    }
    echo "<tr bgcolor=$bgcolor height=27>";
    echo "<td>".$rec["userid"]."</td>";
    echo "<td>".$rec["username"]."</td>";
    echo "<td>".$rec["password"]."</td>";
    echo "<td>".$rec["email"]."</td>";
    echo "<td>".$rec["address"]."</td>";
    echo "<td>".$rec["telephone"]."</td>";
    echo "<td>".$rec["regdate"]."</td>";
    echo "</tr>";
}
?>
</table>
</body>
</html>
```

2. 执行新增操作

【例 4-4】编写程序实现新增用户表记录的功能。

分析：PHP 中的新增操作同样通过调用 mysqli_query()函数来实现，只是所执行的 SQL 语句为"insert into"语句。由前述可知，用户表由 userid（用户编号）、username（用户名）、password（密码）、email（邮箱）、address（地址）、telephone（电话）和 regdate（注册时间）组成。而 PHP 中的字符串如果使用双引号来标识，能对字符串中的变量进行替换，这样就可以动态生成新增语句。因此新增的 SQL 语句可写为

```
"insert into lg_user (userid, username, password, email, address, telephone,
regdate) values ($userid, '$name', '$password', '$email',  '$address',
'$telephone', '$regdate') ";
```

在执行新增操作之前首先需要创建与数据库的连接，创建数据库连接的程序与例 4-3 中的一致。在 PHP 中为简化这种情况下的程序设计，可以将公共程序抽取出来形成一个公共程序文件，然后在需要的地方使用 require、require_once、include 或 include_once 语句将这些公共程序嵌入。require 语句的功能是用被引用文件的全部内容来代替 require 语句本身。在 PHP 文件被执行之前，解析器会用被引用文件替代 require 语句；require_once 语句与 require 语句功能相似，两者差异是使用 require_once 语句时，如果被嵌入的文件已经嵌入过了，则不会再次嵌入，即同一个文件只嵌入一次，使用 require 语句时则会重复嵌入；在执行 PHP 文件的过程中，只有当执行到 include 语句时，才将其引用的文件内容读入执行，被引用的内容并不会替换 include 语句，执行完 include 语句后，该语句仍会存在，因此 include 语句通常用于流程控制结构中；include_once 语句与 include 语句功能相似，两者差异类似于 require_once 语句与 require 语句的差异。为此，将例 4-3 中的创建连接的函数抽取出来形成一个公共程序文件"demo4_1_4_1.php"，该公共程序文件中定义了自定义函数 get_Connect()，如代码 4-4 所示。

代码 4-4　公共程序文件

```php
<?php
/*
* 例 4-4 公共程序文件
*/
```

```
/*
 * 建立与数据库的连接
 */
function get_Connect(){
    $con=mysqli_connect("localhost","my_user","my_password","my_db") or
        die("连接错误: " .mysqli_connect_error() ;
    $db=mysqli_select_db($connection, "lg_shop" ) or
        die ( "选择数据库错误" .mysqli_select_db_error(););
    mysqli_query($connection,"set names gb2312");
    return $connection;
}
?>
```

用户表新增记录功能的程序文件 demo4_1_4_2.php 如代码 4-5 所示。

代码 4-5　用户表新增记录功能

```
<html>
<head>
<meta http-equiv="Content-Type" content="text/html; charset=utf-8" />
<title>例 4-4</title>
</head>

<body>
<?php
require_once "demo4_1_4_1.php";//引入公共程序文件
function addUser($userid, $name, $password, $email, $address, $telephone){
    $format = "%Y/%m/%d %H:%M:%S";//设置日期格式
    $regdate = strftime($format);//设置当前日期
     //新增信息的 SQL 语句
    $insertStr = "insert into lg_user (userid, username, password,
email,address,telephone,regdate) values ($userid,'$name', '$password','$email',
'$address', '$telephone','$regdate')";
    //调用 demo4_1_4_1.php 文件中的 get_Connect()函数创建数据库连接
    $conn = get_Connect();
    $rs = mysqli_query($conn,$insertStr);//执行操作
    return $rs;//返回执行结果
}
$rs = addUser(1,'张国强','123','123456@qq.com', '广东省珠海市金湾区','5555555');//
新增一个用户信息
echo "用户新增".($rs?"成功":"失败");
?>
</body>
</html>
```

上述程序中调用 addUser()函数就能实现新增操作，它先调用公共程序文件中的 get_Connect()
函数创建与数据库的连接，然后调用 mysqli_query()函数执行插入操作。

3.　执行修改操作

【例 4-5】编写程序实现对用户表的记录进行修改。

分析: PHP 中的修改操作同样通过调用 mysqli_query()函数来实现，只是所执行的 SQL 语句

为 "update set" 语句。由前述可知，用户表由 userid（用户编号）、username（用户名）、password（密码）、email（邮箱）、address（地址）、telephone（电话）和 regdate（注册时间）组成。因此修改操作的 SQL 语句可写为

```
"update lg_user set username='$name', password='$password', email='$email',
address='$address',telephone='$telephone' where userid=$userid";
```

在执行该操作之前，引入 "demo4_1_4_1.php" 文件，调用该文件中的 get_Connect()函数创建连接，然后使用 mysqli_query()函数执行修改操作，程序如代码 4-6 所示。

代码 4-6 实现对用户表的记录进行修改

```php
<html>
<head>
<meta http-equiv="Content-Type" content="text/html; charset=utf-8" />
<title>例 4-5</title>
</head>

<body>
<?php
require_once "demo4_1_4_1.php";//引入公共程序文件
function updateUser($userid, $name, $password, $email, $address, $telephone){
    //修改信息的 SQL 语句
    $updateStr = "update lg_user set username='$name' ,    password=
'$password',email='$email',address='$address',telephone='$telephone' where
userid=$userid";
    //调用 demo4_1_4_1.php 文件中的 get_Connect()函数创建数据库连接
    $conn = get_Connect();
    $rs = mysqli_query($conn,$updateStr);//执行操作
    return $rs;//返回执行结果
}
$rs = updateUser(1,'张三','456','654321@qq.com','广东省湛江市','56605818');//修改
一个用户信息
echo "用户修改".($rs?"成功":"失败");
?>
</body>
</html>
```

4. 执行删除操作

【例 4-6】编写程序实现根据用户编号删除用户记录。

分析：PHP 中的删除操作同样通过调用 mysqli_query()函数来实现，只是所执行的 SQL 语句为 "delete" 语句。删除用户表中记录的语句如下：

```
"delete from lg_user where userid=$id"
```

在执行该操作之前，通过引入 "demo4_1_4_1.php" 文件调用该文件中的 get_Connect()函数创建连接，然后使用 mysqli_query()函数执行修改操作，程序如代码 4-7 所示。

代码 4-7 根据用户编号删除用户记录

```php
<html>
<head>
<meta http-equiv="Content-Type" content="text/html; charset=utf-8" />
```

```
<title>例 4-6</title>
</head>

<body>
<?php
require_once "demo4_1_4_1.php";//引入公共程序文件
function deleteUser($id){
    //删除用户的 SQL 语句
    $deleteStr = "delete from lg_user where userid=$id";
    //调用 demo4_1_4_1.php 文件中的 get_Connect() 函数创建数据库连接
    $conn = get_Connect();
    $rs = mysqli_query($conn,$deleteStr);//执行操作
    return $rs;//返回执行结果
}
$rs = deleteUser(1);//删除一个用户
echo "删除用户".($rs?"成功":"失败");
?>
</body>
</html>
```

4.3 任务实施

子任务 4-1 公共程序文件准备

由乐 GO 商城系统需求分析可知，乐 GO 商城数据库由 6 张数据表组成，即 lg_admin（管理员表）、lg_advertisement（公告表）、lg_goods（商品表）、lg_indent（订单表）、lg_type（产品类型表）和 lg_user（用户表）。对数据表的读写需要对这 6 张数据表进行各种操作，而针对各数据表的操作程序基本类似，为简化程序的编写和提高程序的可读性和可维护性，可对读写数据库的操作程序进行抽取，形成数据库操作层，它由系统参数配置文件"config.php"和公共数据表操作文件"comm.php"组成，各文件的内容如下。

【微课视频】

1. 系统参数配置文件

系统参数的配置文件为"config.php"。为便于对程序错误信息统一处理，在该文件中还设置了对错误的统一处理方法 bbsError()，文件内容如代码 4-8 所示。

代码 4-8 **系统参数配置文件 config.php**

```
<?php
/*
* 初始变量
*/
//数据库服务器参数配置
$cfg["server"]["adds"]="localhost";
$cfg["server"]["db_user"]="root";
```

```
$cfg["server"]["db_psw"]="";
$cfg["server"]["db_name"]="lg_shop";
$cfg["server"]["page_size"]=20;
/**
*错误处理方法
* @param <type> $errno 错误编号
* @param <type> $errstr 错误信息
*/
function bbsError($errno,$errstr){
    //使用 header()函数将错误信息转发到错误显示页面
    die(header("location: ./error.php?msg=$errstr"));
}
//设置错误捕获器
set_error_handler("bbsError",E_ERROR);
?>
```

需要注意的是，上述程序中的 header()函数是 PHP 的系统函数，它能将指定信息传送到浏览器中，因此结合页面脚本命令"location:"就可以实现重定向功能，即可以实现将错误信息转发到错误显示页面的功能。set_error_handler()函数用于设置用户自定义的错误处理函数，还可以根据所设置的错误类型来确定捕获的错误类型，例如程序中设为"E_ERROR"（致命错误）。

2. 公共数据表操作文件

公共数据表操作文件为"comm.php"，由前述对数据表的增删改查操作可知，数据表操作程序存在许多类似的地方，为提高程序的可重用性和可维护性，将这部分程序抽取出来形成公共程序文件，如代码 4-9 所示。

代码 4-9　公共数据表操作文件 comm.php

```
<?php
include_once("config.php");//引入配置文件
/*
* 公共方法集
*/
function get_Connect(){
    $connection = mysqli_connect($GLOBALS["cfg"]["server"]["adds"],$GLOBALS
["cfg"]["server"]["db_user"],$GLOBALS["cfg"]["server"]["db_psw"]) or die (header
("location: ./error.php?msg=数据库服务器参数错误"));
    $db = mysqli_select_db($connection,$GLOBALS["cfg"]["server"]["db_name"]) or
die (header("http://localhost:80/bookstore/error.php?msg=数据库名不正确"));
  mysqli_query($connection,"set names gb2312");
    return $connection;
}
/**
* 执行查询操作
*/
function execQuery($strQuery){
    $results = array();
    $connection = get_Connect();
    $rs = mysqli_query($connection,$strQuery) or  die("查询失败");
```

```
// die(header("http://localhost:80/bookstore/error.php?msg=查询失败"));
    for($i=0;$i<mysqli_num_rows($rs);$i++){
        $results[$i] = mysqli_fetch_assoc($rs);//读取一条记录
    }
    mysqli_free_result($rs);//释放结果集
    mysqli_close($connection);//关闭连接
    return $results;//返回查询结果
}
/**
* 对数据表记录执行修改、删除和插入操作 header("location: ./error.php?msg=数据表操作
失败")
* @param <type> $strUpdate  SQL 语句
*/
function execUpdate($strUpdate){
    $connection = get_Connect();
    //执行 SQL 语句
    $rs = mysqli_query($connection,$strUpdate) or die (header("http://
localhost:80/bookstore/error.php?msg=数据表操作失败"));
    $result = mysqli_affected_rows($connection);
    mysqli_close($connection);
    return $result;
}
?>
```

子任务 4-2 数据访问层的实现

针对乐 GO 商城的需求分析与系统数据库设计，在数据访问层框架设计的
基础上完成对各数据表访问的设计与实现。

任务描述：乐 GO 商城系统开发小组在开发时，发现对数据库的各种操作
相对用户视图而言是相互独立的，因此可将数据表访问操作抽象成数据访问层，
以便在系统使用时可以重用。

【微课视频】

现要求根据系统需求，完成以下任务。

◆ 乐 GO 商城用户表操作的实现。

◆ 乐 GO 商城管理员表操作的实现。

◆ 乐 GO 商城公告表操作的实现。

◆ 乐 GO 商城商品表操作的实现。

◆ 乐 GO 商城产品类型表操作的实现。

◆ 乐 GO 商城订单表操作的实现。

1. 用户表操作的实现

要实现对用户表的操作，首先要引入代码 4-9 所设计的公共程序文件"comm.php"，以调用
该文件中 execQuery()、execUpdate()等函数，因此在乐 GO 商城项目中创建文件名为"lg_user.
php"的程序文件，其程序如代码 4-10 所示。

代码 4-10　用户表的操作

```php
<?php
include_once "comm.php";//引入公共方法集中的公共程序文件
/*
* 根据用户名和密码来查询用户信息
*/
function findUser($username,$password){
    $strQuery = "select * from lg_user where username = '$username' and password =
'$password'"; //查询语句
    $rs = execQuery($strQuery);//调用 comm.php 中的 execQuery()函数
    if(count($rs)>0){ //判断查询是否成功
        return $rs[0];
    }
    return $rs;
}
/*
* 根据行列数值来查询用户信息
*/

function findUserLimit($line,$row){
    $strQuery = "select * from lg_user limit $line,$row"; //查询语句
    $rs = execQuery($strQuery);//调用 comm.php 中的 execQuery()函数
    if(count($rs)>0){ //判断查询是否成功
        return $rs;
    }
    return $rs;
}
/*
* 查询全部用户信息
*/
function findAllUser(){
    $strQuery = "select * from lg_user"; //查询语句
    $rs = execQuery($strQuery);//调用 comm.php 中的 execQuery()函数
    if(count($rs)>0){ //判断查询是否成功
        return $rs;
    }
    return $rs;
}
/*
* 根据用户名查询用户信息
*/
function findUserByUserName($username){
    $strQuery = "select * from lg_user where username = '$username'"; //查询语句
    $rs = execQuery($strQuery);//调用 comm.php 中的 execQuery()函数
    if(count($rs)>0){ //判断查询是否成功
        return $rs[0];
    }
    return $rs;
```

```
    }
    /*
    * 根据用户编号查询用户信息
    */
    function findUserByUserid($userid){
        $strQuery = "select * from lg_user where userid = $userid"; //查询语句
        $rs = execQuery($strQuery);//调用 comm.php 中的 execQuery()函数
        if(count($rs)>0){ //判断查询是否成功
            return $rs[0];
        }
        return $rs;
    }
    /**
    * 新增用户
    */
    function addUser($username,$password,$email,$address,$telephone,$regdate){
        //参数为对应数据表的字段, 其中用户编号不需要手动增加, 因为它是自增的
        $insertStr = "insert into lg_user(username,password,email,address,telephone,
regdate) values ('$username','$password','$email','$address','$telephone',
'$regdate')"; //SQL 语句
        $rs = execUpdate($insertStr);//调用 comm.php 中的 execUpdate()函数
        return $rs;//返回执行结果
    }
    /*
    * 修改用户
    */
    function updateUser($userid,$username,$password,$email,$address,$telephone,
$regdate){ //参数为对应数据表的字段
        $updateStr = "update lg_user set username = '$username' , password =
'$password',email = '$email', address = '$address' , telephone = '$telephone',regdate =
'$regdate' where userid = $userid"; //SQL 语句
        $rs = execUpdate($updateStr);//调用 comm.php 中的 execUpdate()函数
        return $rs;//返回执行结果
    }
    /*
    * 删除用户
    */
    function deleteUser($userid){ //根据用户编号删除用户
        $deleteStr = "delete from lg_user where userid = $userid";
        $rs = execUpdate($deleteStr);//调用 comm.php 中的 execUpdate()函数
        return $rs;//返回执行结果
    }
?>
```

2. 管理员表操作的实现

要实现对管理员表的操作, 首先要引入代码 4-9 所设计的公共程序文件"comm.php", 以调用该文件中 execQuery()、execUpdate()等函数。在项目中创建文件名为"lg_admin.php"的程

序文件，其程序如代码 4-11 所示。

代码 4-11　管理员表的操作

```php
<?php
include_once "comm.php";//引入公共方法集中的公共程序文件

/*
* 根据用户名和密码查询管理员信息
*/
function findAdmin($user,$password){
    $strQuery = "select * from lg_admin where name = '$user' and password =
'$password' "; //查询语句
    $rs = execQuery($strQuery);//调用 comm.php 中的 execQuery()函数
    if(count($rs)>0){ //判断查询是否成功
        return $rs[0];
    }
    return $rs;
}

/*
* 根据用户编号查询管理员信息
*/
function findAdminById($id){
    $strQuery = "select * from lg_admin where id = $id"; //查询语句
    $rs = execQuery($strQuery);//调用 comm.php 中的 execQuery()函数
    if(count($rs)>0){ //判断查询是否成功
        return $rs[0];
    }
    return $rs;
}

/**
* 新增管理员
*/
function addAdmin($name,$password){ //参数为对应数据表的字段，其中用户编号不需要手动增
加，因为它是自增的
    $insertStr = "insert into lg_admin(name,password) values('$name', '$password')";
    $rs = execUpdate($insertStr);//调用 comm.php 中的 execUpdate()函数
    return $rs;//返回执行结果
}
/*
* 修改管理员
*/
function updateAdmin($id,$name,$password){ //参数为对应数据表的字段
    $updateStr = "update lg_admin set name='$name',password = $password where
id = $id";
    $rs = execUpdate($updateStr);//调用 comm.php 中的 execUpdate()函数
    return $rs;//返回执行结果
}
```

```
/*
* 删除管理员
*/
function deleteAdmin($id){ //根据用户编号删除管理员
    $deleteStr = "delete from lg_admin where id = $id";
    $rs = execUpdate($deleteStr);//调用 comm.php 中的 execUpdate()函数
    return $rs;//返回执行结果
}
?>
```

3. 公告表操作的实现

要实现对公告表的操作，首先要引入代码 4-9 所设计的公共程序文件"comm.php"，以调用该文件中 execQuery()、execUpdate()等函数。在项目中创建文件名为"lg_advertisement.php"的程序文件，其程序如代码 4-12 所示。

代码 4-12　公告表的操作

```
<?php
include_once "comm.php";//引入公共方法集中的公共程序文件

/*
* 查找指定起点位置并返回指定条数公告的查询
*/
function findAdvertisementLimit($line,$row){
    $strQuery = "select * from lg_advertisement order by addate desc limit
$line,$row"; //查询语句
    $rs = execQuery($strQuery);//调用 comm.php 中的 execQuery()函数
    if(count($rs)>0){ //判断查询是否成功
        return $rs;
    }
    return $rs;
}
/*
* 查询全部公告信息
*/

function findAdvertisement(){
    $strQuery = "select * from lg_advertisement"; //查询语句
    $rs = execQuery($strQuery);//调用 comm.php 中的 execQuery()函数
    if(count($rs)>0){ //判断查询是否成功
        return $rs;
    }
    return $rs;
}
/*
* 根据公告编号查询公告信息
*/
function findAdvertisementById($id){
    $strQuery = "select * from lg_advertisement where id = $id"; //查询语句
```

```php
    $rs = execQuery($strQuery);//调用 comm.php 中的 execQuery()函数
    if(count($rs)>0){ //判断查询是否成功
        return $rs[0];
    }
    return $rs;
}

/**
* 新增公告
*/
function addAdvertisement($title,$content,$addate){ //参数为对应数据表的字段，其中
公告编号不需要手动增加，因为它是自增的
    $insertStr = "insert into lg_advertisement(title,content,addate)
values('$title','$content','$addate')"; //SQL 语句
    $rs = execUpdate($insertStr);//调用 comm.php 中的 execUpdate()函数
    return $rs;//返回执行结果
}
/*
* 修改公告
*/
function updateAdvertisement($id,$title,$content,$addate){ //参数为对应数据表的字段
    $updateStr = "update lg_advertisement set title='$title',content =
'$content',addate='$addate' where id = $id"; //SQL 语句
    $rs = execUpdate($updateStr);//调用 comm.php 中的 execUpdate()函数
    return $rs;//返回执行结果
}
/*
* 删除公告
*/
function deleteAdvertisement($id){ //根据公告编号删除公告
    $deleteStr = "delete from lg_advertisement where id = $id";
    $rs = execUpdate($deleteStr);//调用 comm.php 中的 execUpdate()函数
    return $rs;//返回执行结果
}
?>
```

4. 商品表操作的实现

要实现对商品表的操作，首先要引入代码 4-9 所设计的公共程序文件 "comm.php"，以调用该文件中 execQuery()、execUpdate()等函数。在项目中创建文件名为 "lg_goods.php" 的程序文件，其程序如代码 4-13 所示。

代码 4-13　商品表的操作

```php
<?php
include_once "comm.php";//引入公共方法集中的公共程序文件

/**
* 查询全部商品信息
```

```php
*/
function findAllGood(){
    $strQuery = "select * from lg_goods "; //查询语句
    $rs = execQuery($strQuery);//调用 comm.php 中的 execQuery()函数
    if(count($rs)>0){ //判断查询是否成功
        return $rs;
    }
    return $rs;
}

/**
* 根据行号和列号查询商品信息
*/
function findGoodsLimit($line,$row){
    $strQuery = "select * from lg_goods limit $line,$row"; //查询语句
    $rs = execQuery($strQuery);//调用 comm.php 中的 execQuery()函数
    if(count($rs)>0){ //判断查询是否成功
        return $rs;
    }
    return $rs;
}

/*
* 根据商品编号查询商品信息
    如果商品编号不存在，则查询全部商品
*/
function findGoodsByGoodsId($goodsId){
    $strQuery = "select * from lg_goods where goodsid = $goodsId";/查询语句
    $rs = execQuery($strQuery);//调用 comm.php 中的 execQuery()函数
    if(count($rs)>0){ //判断查询是否成功
        return $rs[0];
    }
    return $rs;
}
/**
* 根据商品名查询商品信息
*/
function findGoodsByGoodsName($goodsname){
    $strQuery = "select * from lg_goods where goodsname = '$goodsname'"; //查询语句
    $rs = execQuery($strQuery);//调用 comm.php 中的 execQuery()函数
    if(count($rs)>0){ //判断查询是否成功
        return $rs[0];
    }
    else {
        return null;
    }
}
```

```
/**
* 根据是否推荐查询商品信息
*/
function findGoodsByRecommend($recommend){
    $strQuery = "select * from lg_goods where recommend = $recommend"; //查询语句
    $rs = execQuery($strQuery);//调用 comm.php 中的 execQuery()函数
    if(count($rs)>0){ //判断查询是否成功
        return $rs[0];
    }
    return $rs;
}
/**
* 新增商品
*/
function addGoods($typeid,$norms,$goodsname,$size,$installment,$prodate,
$goodsprice,$vipprice,$photo,$introduction,$recommend,$newgoods){ //参数为对应数据表
的字段，其中商品编号不需要手动增加，因为它是自增的
    $insertStr = "insert into lg_goods(typeid,norms,goodsname,size,installment,
prodate,goodsprice,vipprice,photo,introduction,recommend,newgoods) values
($typeid,$norms, '$goodsname', '$size', '$installment', '$prodate', '$goodsprice',
'$vipprice', '$photo', '$introduction',$recommend,$newgoods)"; //SQL 语句
    $rs = execUpdate($insertStr);//调用 comm.php 中的 execUpdate()函数
    return $rs;//返回执行结果
}
/*
* 修改商品
*/
function updateGoods($goodsid,$typeid,$norms,$goodsname,$size,$installment,
$prodate,$goodsprice,$vipprice,$photo,$introduction,$recommend,$newgoods){ //参数为
对应数据表的字段
    $updateStr = "update lg_goods set typeid = $typeid,norms = $norms,goodsname =
'$goodsname',size = '$size',installment = '$installment',prodate = '$prodate',
goodsprice = '$goodsprice',vipprice = '$vipprice',photo = '$photo',introduction =
'$introduction',recommend = $recommend,newgoods = $newgoods where goodsid = $goodsid";
//SQL 语句
    $rs = execUpdate($updateStr);//调用 comm.php 中的 execUpdate()函数
    return $rs;//返回执行结果
}
/*
* 删除商品
*/
function deleteGoods($goodsid){ //根据商品编号删除商品
    $deleteStr = "delete from lg_goods where goodsid = $goodsid";
    $rs = execUpdate($deleteStr);//调用 comm.php 中的 execUpdate()函数
    return $rs;//返回执行结果
}
?>
```

5. 产品类型表操作的实现

要实现对产品类型表的操作，首先要引入代码 4-9 所设计的公共程序文件"comm.php"，以调用该文件中 execQuery()、execUpdate()等函数。在项目中创建文件名为"lg_type.php"的程序文件，其程序如代码 4-14 所示。

代码 4-14　产品类型表的操作

```php
<?php
include_once "comm.php";;//引入公共方法集中的公共程序文件

/*
    根据类型名称来查询产品类型信息
*/

function findTypeByTypeName($typename){
    $strQuery = "select * from lg_type where typename = '$typename'"; //查询语句
    $rs = execQuery($strQuery);//调用 comm.php 中的 execQuery()函数
    if(count($rs)>0){ //判断查询是否成功
        return $rs[0];
    }
    return $rs;
}

/**
* 根据行号和列号查询产品类型信息
*/
function findTypeLimit($line,$row){
    $strQuery = "select * from lg_type limit $line,$row"; //查询语句
    $rs = execQuery($strQuery);//调用 comm.php 中的 execQuery()函数
    if(count($rs)>0){ //判断查询是否成功
        return $rs;
    }
    return $rs;
}

/*
    查询全部产品类型信息
*/

function findType(){
    $strQuery = "select * from lg_type order by typeid"; //查询语句
    $rs = execQuery($strQuery);//调用 comm.php 中的 execQuery()函数
    if(count($rs)>0){ //判断查询是否成功
        return $rs;
    }
    return $rs;
    }
```

```
    /*
        根据产品类型编号查询产品类型信息
    */
    function findTypeByTypeid($typeid){
        $strQuery = "select * from lg_type where typeid = $typeid"; //查询语句
        $rs = execQuery($strQuery);//调用 comm.php 中的 execQuery()函数
        if(count($rs)>0){ //判断查询是否成功
            return $rs[0];
        }
        else {
            return $rs;
        }
    }
    /*
        新增产品类型
    */
    function addTypes($typename,$typedes){
        //参数为对应数据表的字段，其中类型编号不需要手动增加，因为它是自增的
        $insertStr = "insert into lg_type(typename,typedes) values('$typename',
'$typedes')"; //SQL 语句
        $rs = execUpdate($insertStr);//调用 comm.php 中的 execUpdate()函数
        return $rs;//返回执行结果
    }
    /*
    * 修改产品类型
    */

    function updateType($typeid,$typename,$typedes){ //参数为对应数据表的字段
        $updateStr = "update lg_type set typename = '$typename',typedes = '$typedes'
where typeid = $typeid"; //SQL 语句
        $rs = execUpdate($updateStr);//调用 comm.php 中的 execUpdate()函数
        return $rs;//返回执行结果
    }
    /*
    * 删除产品类型
    */
    function deleteType($typeid){ //根据类型编号删除产品类型
        $deleteStr = "delete from lg_type where typeid = $typeid";
        $rs = execUpdate($deleteStr);//调用 comm.php 中的 execUpdate()函数
        return $rs;//返回执行结果
    }
    ?>
```

6. 订单表操作的实现

要实现对订单表的操作，首先要引入代码 4-9 所设计的公共程序文件"comm.php"，以调用该文件中 execQuery()、execUpdate()等函数。在项目中创建文件名为"lg_indent.php"的程序

文件，其程序如代码 4-15 所示。

代码 4-15　订单表的操作

```php
<?php
    include_once "comm.php";//引入公共方法集中的公共程序文件
    //增加订单
function addIndent($userid,$commodity,$quantity,$consignee,$sex,$address,
$postcode,$telephone,$email,$express,$orderdate,$buyer,$state,$total){
    $insertStr = "insert into lg_indent(userid,commodity,quantity,consignee,
sex,address,postcode,telephone,email,express,orderdate,buyer,state,total)
values('$userid','$commodity', '$quantity', '$consignee','$sex','$address',
'$postcode','$telephone','$email','$express','$orderdate','$buyer','$state','$tot
al')"; //SQL 语句
    $rs = execUpdate($insertStr);//调用 comm.php 中的 execUpdate()函数
    return $rs;//返回执行结果
}


    //修改订单
function updateIndent($userid,$commodity,$quantity,$consignee,$sex,$address,
$postcode,$telephone,$email,$express,$orderdate,$buyer,$state,$total,$orderid){
    $updateStr = "update lg_indent set userid='$userid',commodity='$commodity',
quantity='$quantity',consignee='$consignee',sex='$sex',address='$address',
postcode='$postcode',telephone='$telephone',email='$email',express='$express',
orderdate='$orderdate',buyer='$buyer',state='$state',total='$total' where
orderid='$orderid'";
    $rs = execUpdate($updateStr);//调用 comm.php 中的 execUpdate()函数
    return $rs;//返回执行结果
}


    //删除订单
function deleteIndent($orderid){
    $deleteStr = "delete from lg_indent where orderid='$orderid'";
    $rs = execUpdate($deleteStr);//调用 comm.php 中的 execUpdate()函数
    return $rs;//返回执行结果
}


    //查询订单
function findIndentByOrderId($orderid){
    $strQuery = "select * from lg_indent where orderid=$orderid";
    $rs = execQuery($strQuery);//调用 comm.php 中的 execUpdate()函数
    if(count($rs)>0){ //判断查询是否成功
        return $rs[0];
    }
    return $rs;//返回执行结果
}


    //查询所有订单
function findAllIndent(){
```

```
    $strQuery = "select * from lg_indent";
    $rs = execQuery($strQuery);
    if(count($rs)>0){  //判断查询是否成功
        return $rs;
    }
    return $rs;
}


//根据行列号查询订单
function findIndentLimit($line,$row){
    $strQuery = "select * from lg_indent limit $line,$row";
    $rs = execQuery($strQuery);
    if(count($rs)>0){  //判断查询是否成功
        return $rs;
    }
    return $rs;
}

//修改订单状态
function updateIndentById($orderid,$state){
    $strQuery = "update lg_indent set state = '$state' where orderid = $orderid";
    $rs = execUpdate($strQuery);//调用 comm.php 中的 execUpdate()函数
    return $rs;//返回执行结果
}
?>
```

4.4 问题思考

建立数据库连接时，使用 mysqli_connect()是建立持久连接，而使用 mysql_connect()
（该方法高版本 PHP 已废弃）是建立临时连接，哪种方式更合适？为什么？

提示：从建立连接的开销和用户并发量等方面考虑。

4.5 技术拓展

PHP 提供了操作各种数据库的内置函数，通过这些内置函数，PHP 可以直接访问数据库，例如可以使用 MySQLi 函数库访问 MySQL 数据库，如果要访问 Oracle 数据库，则要使用 OCI 函数库，这给开发人员带来了巨大的学习成本和应用迁移成本。

为了解决这一问题，PHP 7 中提供了一个轻量级的、一致的数据库访问接口层 PDO（PHP Data Objects，PHP 数据对象），PHP 应用程序通过将统一的指令发给数据库访问接口层，再由接口层将指令传输给任意类型的数据库，从而实现对各类数据库的统一访问。

常见的数据库访问接口层除了 PDO 外，还有 ADO（ActiveX Data Objects，ActiveX 数据对象）。ADO 一般用来访问微软的数据库，例如 SQL Server 或 Access；PDO 一般用来访问非微软的数据库，当然也可以通过 PDO-ODBC 驱动连接 ODBC（Open Data Database Connectivity，开放式数据库互连），实现对微软数据库的访问。

PHP MySQLi 函数库访问数据库还可以使用预处理语句的方式。在本节将学习 PDO 的安装与使用以及如何用 MySQLi 函数库的预处理语句方式访问数据库。

4.5.1　PDO 的安装

安装 PHP 7.1 以上版本时会默认安装 PDO，但在使用之前，仍需进行一些相关的配置。打开 PHP 的配置文件 php.ini，在 Dynamic Extensions 中，找到如下语句：

```
;extension=php_pdo.dll
```

将前面的“;”（注释符）去掉，打开 PDO 所有驱动程序共享的扩展。接下来，再激活一种或多种 PDO 驱动程序，添加下面的一行或多行即可。

```
extension=pdo_mysql  //MySQL PDO 访问驱动
;extension=pdo_oci  //Oracle PDO 访问驱动
;extension=pdo_odbc  //ODBC PDO 访问驱动
extension=pdo_sqlite //SQLite PDO 访问驱动
;extension=pdo_pgsql  //PostgreSQL PDO 访问驱动
```

保存修改后的 php.ini 文件，重启 Apache 服务器，即完成了 PDO 的启用。

4.5.2　PDO 的使用

1．创建 PDO 对象连接数据库

在使用 PDO 与数据库交互之前，必须先创建 PDO 对象。创建 PDO 对象的方法有多种，其中最简单的一种方法如下：

```
对象名=new PDO(string DSN,string username,string password,[array driver_options]);
```

上述代码的说明如下。

第 1 个参数是数据源名称（Data Source Name，DSN），为必选参数，用于指定一个要连接的数据库和连接使用的驱动程序，其语法格式如下：

```
驱动程序名:参数名 = 参数值; 参数名 = 参数值
```

例如，连接 MySQL 数据库和连接 Oracle 数据库的 DSN 格式分别如下：

```
mysql:host=localhost; dbname=testdb
oci:dbname=//localhost:1521/mydb
```

第 2 个参数和第 3 个参数分别用于指定连接数据库的用户名和密码，是可选参数。第 4 个参数 driver_options 必须是一个数组，用于指定连接所需的所有额外选项，传递附加的调优参数到 PDO 底层驱动程序。

代码 4-16 演示了使用 PDO 连接到 MySQL 的 lg_shop 数据库。

代码 4-16　使用 PDO 连接到 MySQL 的 lg_shop 数据库

```php
<?php
try{
    $dsn="mysql:host=localhost;dbname=lg_shop";       //准备数据库连接字符串
    $conn=new PDO($dsn,"root","");                    //建立数据库连接
    $conn->query("set names gbk");                    //设置字符编码
    echo '数据库连接成功! ';
}catch(PDOException $e){                              //异常处理代码
    print "Error!: ".$e->getMessage()."<br/>";
    die();
}
?>
```

如果有任何连接错误，将抛出一个 PDOException 异常对象，如果想处理错误状态，可以捕获异常。

2. 操作数据

当 PDO 对象成功创建之后，与数据库的连接已经建立，就可以使用该对象进行数据访问和增删改查等操作。PDO 对象常用的成员方法如表 4-2 所示。

表 4-2　PDO 对象常用的成员方法

序号	方法名	描述
1	query()	执行一条有结果集返回的 SQL 语句，并返回一个结果集对象 PDOStatement
2	exec()	执行一条 SQL 语句，并返回所影响的记录数
3	lastInsertId()	获取最近一条插入表中记录的自增 id 值
4	prepare()	负责预备要执行的 SQL 语句，用于执行存储过程等

调用 PDO 对象的方法可以使用"对象名->方法名"的形式。使用 PDO 对象的 query()方法执行 Select 语句后会得到一个结果集对象 PDOStatement，该对象常用的成员方法如表 4-3 所示。

表 4-3　PDOStatement 对象常用的成员方法

序号	方法名	描述
1	fetch()	以数组或对象的形式返回当前指针指向的记录，并将结果集指针移到下一行，当达到结果集末尾时返回 false
2	fetchAll()	返回结果集中所有的行，并赋给返回的二维数组，指针指向结果集末尾
3	rowCount()	返回结果集中的记录总数，仅对 query()和 prepare()方法有效
4	columnCount()	返回结果集的总列数

使用 PDO 访问数据库和使用 MySQLi 扩展函数访问数据库的步骤基本一致，即：①连接数据库；②设置字符集；③创建结果集；④读取一条记录到数组；⑤将数组元素显示在页面上。

使用 query()方法可以执行一条 select 语句，并返回一个结果集，例如：

```
$result=$conn->query('select * from lg_user');
```

创建结果集$result 后，可以用$result->fetch()方法读取当前记录到数组中，该数组默认是混

合数组，如果希望 fetch()方法值返回关联数组，可以使用$row = $result->fetch(PDO::FETCH_ ASSOC)或$row = $result->fetch(1)。在 fetch()的参数可选值中，0 代表返回混合数组，为默认值；1 或 2 代表返回关联数组；3 代表返回索引数组。当然也可以使用 fetchAll()方法直接返回一个二维数组，并将相关内容显示在页面上。

如果要用 PDO 对数据库执行添加、删除、修改操作，可以使用 exec()方法，该方法将执行一条 SQL 语句，并返回所影响的记录数。

3. 使用 prepare()方法执行预处理语句

PDO 提供了对预处理语句的支持，预处理语句的作用是：编译一次，可以执行多次。它会在服务器缓存查询的语法和执行过程，且只在服务器和客户端之间传输有变化的列值，从而减少额外的开销。同时，对于复杂的查询来说，通过预处理语句可以避免重复分析、编译和优化环境，并能有效防止 SQL 注入。执行预处理语句的过程如下。

（1）在 SQL 语句中添加占位符，PDO 支持两种占位符，即问号占位符和命名参数占位符，示例如下：

```
$sql="insert into lg_user(username,password,email,address,telephone,regdate)
values(?,?,?,?,?,?)";
$sql="insert into lg_user(username,password,email,address,telephone,regdate)
values(:username,:password,:email,:address,:telephone,:regdate)";
```

（2）使用 prepare()方法执行预处理语句，该方法返回一个 PDOStatement 类对象。

```
$stmt=$conn->prepare($sql);
```

（3）绑定参数，使用 bindParam()方法将参数绑定到准备好的查询占位符上。

```
$stmt->bindParam(1,$uId);      //对于?占位符，绑定第 1 个参数
$stmt->bindParam(":uId",$uId); //对于命名参数占位符，绑定:uId 参数
```

（4）使用 execute()方法执行查询。

```
$stmt->execute();
```

使用 PDO 预处理语句查询 lg_shop 中的全部用户的代码如代码 4-17 所示。

代码 4-17　使用 PDO 预处理语句查询 lg_shop 中的全部用户的代码

```
<h2 align="center">用户列表</h2>
<table border="1" cellpadding="0" cellspacing="0" align="center">
<tr height="30px">
<td width="10%">用户编号</td>
<td width="10%">姓名</td>
<td width="10%">密码</td>
<td width="10%">邮箱</td>
<td width="30%">地址</td>
<td width="20%">电话</td>
<td width="10%">注册时间</td>
</tr>
<?php
    try{
        $dsn = "mysql:host=localhost;dbname=lg_shop";//准备连接字符串
```

```
        $conn = new PDO($dsn,"root","");      //打开数据库连接
        $conn->query("set names gbk");        //设置字符编码
    }catch(PDOException $e){
        print "连接失败: ".$e->getMessage()."<br/>";
        die();
    }
    $stmt = $conn->prepare("select * from lg_user");
    $stmt->execute();  //执行查询
    $result=$stmt->fetchAll(PDO::FETCH_ASSOC);  //以关联索引从结果集中获取所有数据
    $bgcolor = "#ffffff";
    foreach($result as $rec){//显示查询到的各行记录
        if($bgcolor=="#ffffff"){
            $bgcolor = "#dddddd";
        }else{
            $bgcolor = "#ffffff";
        }
        echo "<tr bgcolor=$bgcolor height=27>";
        echo"<td>".$rec["userid"]."</td>";
        echo "<td>".$rec["username"]."</td>";
        echo "<td>".$rec["password"]."</td>";
        echo "<td>".$rec["email"]."</td>";
        echo "<td>".$rec["address"]."</td>";
        echo "<td>".$rec["telephone"]."</td>";
        echo "<td>".$rec["regdate"]."</td>";
        echo "</tr>";
    }
?>
</table>
```

4.5.3 使用MySQLi下的预处理语句

1. 预处理语句介绍

预处理语句（也称为参数化语句）只是一个 SQL 查询模板，其中包含占位符而不是实际参数值。在执行语句时，这些占位符将被实际值替换。

MySQLi 支持使用匿名位置占位符（？），示例如下：

```
INSERT INTO persons (first_name, last_name, email) VALUES (?, ?, ?);
```

预处理语句执行包括两个阶段：准备和执行。

在准备阶段，将创建一个 SQL 语句模板并将其发送到数据库服务器。服务器解析语句模板，执行语法检查和查询优化，并将其存储以备后用。

在执行阶段，将参数值发送到服务器。服务器根据语句模板和参数值创建一个语句以执行它。

2. 使用预处理语句的优点

一个预处理语句可以高效地重复执行同一条语句，虽然该语句仅被解析一次，但它可以多次执行。由于每次执行时仅需要将占位符值传输到数据库服务器，而不是传输完整的 SQL 语句，因此

它还可以极大程度地减少带宽使用。

预处理语句还提供了强大的保护，可防止 SQL 注入，因为参数值未直接嵌入在 SQL 查询字符串中。可使用不同的协议将参数值与查询分开发送到数据库服务器，因此不会受到干扰。在解析语句模板之后，服务器直接在执行时使用参数值。这就是预处理语句不太容易出错的原因，因此被认为是数据库安全性中最关键的元素之一。

3. 使用 MySQLi 预处理语句查询商品推荐列表

下面采用 MySQLi 面向对象的预处理语句方式实现商品推荐列表展示效果，代码注释对使用的函数（或方法）进行了详细的解释，具体如代码 4-18 所示。

代码 4-18　MySQLi 面向对象的预处理语句方式实现商品推荐列表展示

```
<body>
<h2>商品推荐列表展示</h2>
<table border="1">
    <tr>
    <td>商品编号</td><td>商品名</td><td>生产日期</td><td>价格</td><td>折扣</td>
    </tr>
<?php
$mysqli = new mysqli('localhost', 'root','', 'lg_shop')
or die('连接数据库错误'.mysqli_error());//新建 mysqli 对象，相当于 mysqli_connect()
函数，返回连接数据库对象
$mysqli->query('set names utf8');//设置客户端字符集，相当于 mysqli->query('set names
utf8').
$start = 0;//开始位置
$len = 9;//长度
$sql = "select goodsid,goodsname,prodate,goodsprice,vipprice from lg_goods
limit ?,?";
if($stmt = $mysqli->prepare($sql) or die('访问数据错误！ ')){//设置预处理语句，返回
MySQLi_STMT 对象
        $stmt->bind_param('dd',$start,$len);//将变量作为参数绑定到预处理语句
        $stmt->bind_result($id,$name,$prodate,$price,$vipprice);//将每次输出的值
绑定到变量
        $stmt->execute();//执行数据库操作
        while($stmt->fetch()){//每次输出一行记录，相当于mysqli_fetch_array()函数
?>
<tr>
        <td><?php echo $id?></td>
        <td><?php echo $name?></td>
        <td><?php echo $prodate?></td>
        <td><?php echo $price?></td>
        <td><?php echo $vipprice?></td>
</tr>
<?php
        }
}
?>
```

```
</table>
</body>
```

商品推荐列表展示效果如图 4-1 所示。

商品编号	商品名	生产日期	价格	折扣
5	短袖针织 T 恤	2022-9-1	299	7
7	奥斯汀玫瑰四孔夏被	2022-9-1	2999	7
8	努比亚手机	2022-9-1	5900	7
9	坚果炒货	2022-9-1	59	8
10	休闲运动棒球服	2022-9-1	300	9
11	Apple iPhone	2022-9-1	5999	6
12	山楂蜜饯果干	2022-9-1	59	6
13	炒米	2022-5-1	59	7
14	褶裤脚七分裤	2022-5-1	79	4

图 4-1　商品推荐列表展示

4.6　学习小结

本任务主要完成了乐 GO 商城数据访问层的实现，介绍了项目开发中的分层思想、PHP 访问数据库的一般步骤、针对数据表的增删改查操作函数等。在 PHP 中主要是通过 MySQLi 扩展库来实现对 MySQL 数据库的操作。本任务完成了公共程序文件的编写和用户表数据访问层代码的编写，在技术拓展中介绍了 PDO 的安装和使用，还介绍了 MySQLi 下的预处理语句。

4.7　课后练习

操作题

1. 完成乐 GO 商城数据访问层用户表的增删改查操作函数。

2. 完成乐 GO 商城数据访问层商品表的增删改查操作函数。

3. 完成乐 GO 商城数据访问层订单表的增删改查操作函数。

任务五

乐GO商城前台商品展示模块开发

05

学习目标

> 职业能力目标

1. 能处理Web请求和转发。
2. 能利用字符串函数对字符串进行常用的操作。
3. 能在HTML文档中熟练嵌入PHP代码。
4. 能利用MySQL语句实现分页显示和商品搜索功能。
5. 通过项目案例，培养学生分析问题、解决问题的能力。

> 知识目标

1. 掌握URL传值的方法。
2. 掌握常用的字符串函数。
3. 了解分层设计理念。

5.1 任务引导

前面已学习了 PHP 的一些基础知识，完成了商城数据库的创建，从本任务开始，将学习乐 GO 商城具体功能模块的开发。

商城前台商品显示模块是乐 GO 商城中一个重要的功能模块，也是网站浏览者使用最多的功能模块之一，其设计效果的好坏直接影响到用户是否购买。用户浏览商城时可以看到很多关于商品的信息，主要包括商品分类信息、商品推荐信息、商品详细信息等。除此之外，还可以使用搜索功能，查找相关商品。

那么，该如何开发商品显示模块中的具体功能呢？

根据对前面内容的学习可知，乐 GO 商城前台商品显示模块主要包括商品分类显示、商品推荐、商品详情、商品分页显示和商品搜索等功能。在开发这些功能之前，先来看看当当网是如何做的。

1. 商品分类显示

打开当当网，单击主导航中的"图书"超链接进入图书页面，在图书页面左侧有图书的分类信息，如图 5-1 所示。单击不同的图书类别名进入对应的图书分类显示页面，如图 5-2 所示。

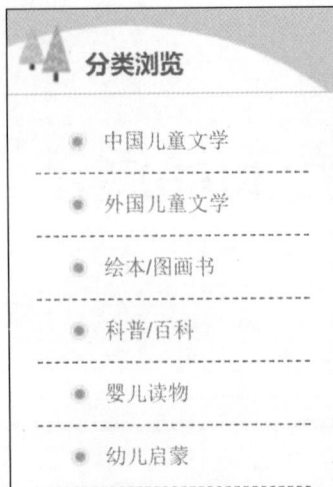

图 5-1　图书分类

图 5-2　图书分类显示页面

该功能用到图书类别表和图书表。图书类别是从图书类别表中查询出的相关信息；单击图书页面中相应类别，右侧显示相关的图书信息，这些图书信息则是根据类别号从图书表中查询出的。

2. 商品推荐

在图书页面的右侧有很多分类的推荐图书，例如畅销推荐、新书榜等，如图 5-3 所示。

畅销推荐功能用到的是图书表，图书表中有是否推荐字段，如果推荐则显示，不推荐则不显示。

3. 商品搜索及分页显示

图书页面有一个产品搜索框，在这里可以搜索想要查找的图书，例如输入关键字"PHP"，单击"搜索"按钮进入搜索结果页面，在页面下方可以实现分页显示图书，如图 5-4 所示。

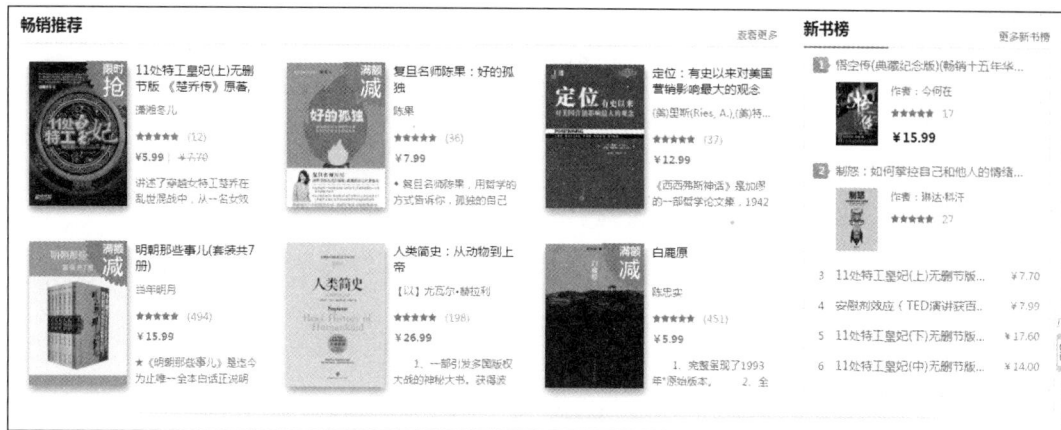

图 5-3　畅销推荐及新书榜

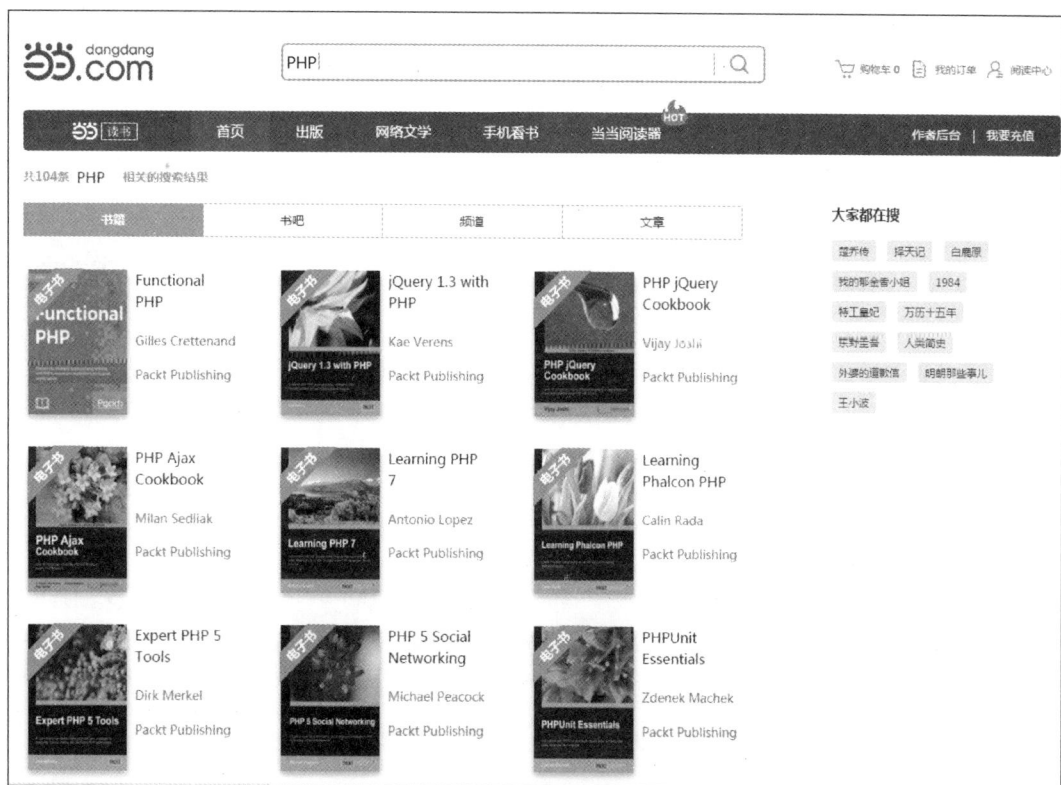

图 5-4　图书搜索及分页显示

图书搜索就是判断图书表的图书名称字段是否包含搜索关键字，如果有则显示。图书分页显示
需要使用分页算法实现。

4. 商品详情

单击一本图书，即可进入该图书详情页面，在页面中可以看到图书的名称、价格、作者、内容
简介等，如图 5-5 所示。

商品详情功能主要用到图书表，图书详情就是根据要显示的图书编号显示图书详细信息。

图 5-5　图书详情页面

5.2 知识准备

【微课视频】

5.2.1 URL 传值

URL 传值，是通过在 URL 上附加一个参数/值对，来实现在页面之间传递参数。在 URL 中参数以问号（？）开始，采用"参数=value"的格式。如果存在多个 URL 参数，参数之间用"&"符号隔开。这些信息附加到所请求页面的 URL 后发送到请求的页面。

1. URL 传值的方法

（1）在表单中通过 GET 方式实现 URL 传值。

在表单中实现 URL 传值的前提条件是必须将<form>标签的 method 属性设置为"get"。action 的路径值会在地址栏中出现，id 和 typename 为参数名，value1 和 value2 为参数值。

```
<form action=http://localhost/sortshow.php?id=value1&typename=value2 method=
"get">
</form>
```

（2）在超链接中实现 URL 传值。

在超链接中实现 URL 传值，一般是对<a>标签的 href 属性进行设置。id 为参数，value 为参数值。

```
<a href="http://localhost/sortshow.php?id=value">计算机</a>
```

（3）客户端脚本编程可为将要打开的 PHP 页面传递参数。

```
<script language="javascript">
    document.location="sortshow.php?id=value1&typename=value2";
<script>
```

（4）在含 URL 参数的函数中实现 URL 传值。

```
<?php header("location:sortshow.php?id=value1&typename=value2");?>
```

2. 接收 URL 传值

在被请求的页面中，通过 PHP 中的$_GET["参数"]来读取传递过来的参数。

```
$_GET["id"]                    //获取 id 参数的值
$_GET["typename"]              //获取 typename 参数的值
```

在使用$_GET 变量时，所有的变量名和值都会在 URL 中显示，因此可以在收藏夹中收藏该页面。但是在传递密码等敏感信息时则不应该使用这种方法。

5.2.2 相关函数

1. 字符串截取

substr()函数用于从字符串的指定位置截取一定长度的字符。该函数语法格式如下：

```
string substr ( string string,int start[,int length] )
```

上述语法格式中，参数 string 用于指定字符串对象；参数 start 用于指定开始截取的位置，如果 start 为负数，则从字符串的末尾开始截取；参数 length 表示截取字符的长度。

2. 统计字符串长度

strlen()函数用于获取字符串的长度，其中汉字占两个字符，数字、英文、小数点等符号占一个字符。

【例 5-1】Web 开发时为了保持整个页面的布局，经常需要截取超长字符串，例如文章的标题，示例代码如代码 5-1 所示。

代码 5-1 截取字符串

```php
<?php
    $str= "我系学生在第七届全国信息技术应用水平大赛中取得优异成绩";
    if(strlen($str)>30){              //计算字符串的长度
    echo substr($str,0,30). "...";    //截取 30 个字符
    }else{
    echo $str;
    }
?>
```

程序运行结果：

我系学生在第七届全国...

3. 字符串分割及合并

（1）explode()函数用于按照指定的规则对一个字符串进行分割，其返回值为数组。该函数语法格式如下：

```
array explode(string separator,string string[,int limit])
```

上述语法格式中，函数以 separator 为分割符，在 string 中进行分割。limit 表示返回数组中所包含的元素个数。

（2）implode()函数可以将数组中的元素合成一个字符串。该函数语法格式如下：

```
string implode ( string glue,array pieces )
```

上述语法格式中，参数 glue 为连接符；参数 pieces 表示要合并的数组。

【例 5-2】对一个规律的字符串先分割后输出，然后合并后再输出，如代码 5-2 所示。

代码 5-2　字符串分割与合并

```php
<?php

$str="HTML*CSS*JavaScript*PHP*MySQL";
$arr=explode("*",$str);//以*号为分隔符，分割字符串
foreach($arr as $value)
{
    echo $value."<br>";//foreach 循环输出数组

}
$str_arr=implode("-",$arr);//以-为连接符合并字符串
echo $str_arr;

?>
```

程序运行结果：

```
HTML
CSS
JavaScript
PHP
MySQL
HTML-CSS-JavaScript-PHP-MySQL
```

5.3　任务实施

子任务 5-1　商品推荐

1. 商品推荐页面

在乐 GO 商城首页有商品推荐模块，显示了最新推荐的 9 个商品信息，如图 5-6 所示。

【微课视频】

图 5-6　商品推荐页面

2. 商品推荐显示中的 SQL 查询语句

商品推荐显示是在操作商品表，在商品表中有一个是否推荐（recommend）字段。商品推荐显示就是根据 recommend 字段的值，决定是否显示商品信息，值为 1 则显示，值为 0 则不显示。最新推荐商品顺序按商品编号字段倒序排列，只显示 9 款商品，通过 limit 关键字实现。SQL 查询代码如下：

```
select * from lg_goods where recommend=1 order by goodsid desc limit 0,9
```

3. 创建商品推荐页面

创建乐 GO 商城首页文件"index.php"，商品推荐显示程序如代码 5-3 所示，其中 findRe() 函数来自数据访问层代码。

代码 5-3　商品推荐显示

```php
function findRe($row,$count){
$strQuery = "select * from lg_goods where recommend=1 order by goodsid desc limit
$row,$count"; //查询语句
$rs = execQuery($strQuery);//调用 comm.php 中的 execQuery()函数
if(count($rs)>0){ //判断查询是否成功
    return $rs;
}
return null;
}


<div id="confooter">
<?php
$sqll=findRe(0,9);
if($sqll==false){
    echo "本站暂无推荐商品!";
}else{
?>
<h3><span class="hl"><img id="conimg" src="images/right5.jpg" />商品推荐</span>
<a href="showRecommend.php"><span class="hr">更多商品推荐>></span></a></h3>
<ul>
<?php
foreach($sqll as $info){
?>
<script language="javascript">
function resizeImage(obj){if(obj.height>55)obj.height=55;if(obj.width>60)obj.
width=60; }
</script>
<li><a href="goodsInformation.php?id=<?php echo $info['goodsid'];?>">
<?php
            if(trim($info['photo']=="")){
echo "暂无图片";
            }else{
?>
<img src="admin/<?php echo $info['photo'];?>" onload="resizeImage(this)"/>
<?php
}
?>
<h5><span>名称: </span>
```

```
<!--规定标题不能超过 10 个字符-->
<?php $zf=$info['goodsname'];
if(strlen($zf)>10){
$zf=substr($zf,0,10);
            }
echo $zf."..";
?>
</h5>
<p><?php echo substr($info['introduction'],0,21);?></p>
</a><p>价格: <span><?php echo sprintf('%.2f',$info['goodsprice']);?></span></p>
</li>
<?php
}
}
?>
</ul>
</div>
```

需要说明的是，本书中程序文件的代码主要为程序逻辑部分代码，省略部分分页显示代码。

子任务 5-2　商品分页显示

1. 商品分页显示页面

在购物商城中很多地方用到了商品分页显示的功能，例如商品推荐分页显示页面、商品分类分页显示页面、最新商品分页显示页面。商品推荐分页显示页面如图 5-7 所示。在页面底部有"第一页""上一页""下一页""尾页"等分页功能。

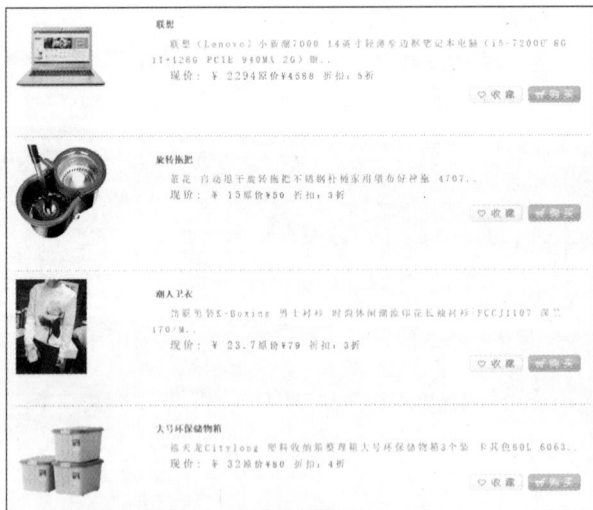

图 5-7　商品推荐分页显示页面

2. 分页原理

所谓分页显示就是将数据库中的数据人为分成一段一段来显示。通过 SQL 语句中的 limit 关键字可以限制显示记录的条数，示例代码如下：

```
select * from table limit0,10      //第 1 页输出前 10 条记录
select * from table limit10,10     //第 2 页输出第 11 至 20 条记录
select * from table limit20,10     //第 3 页输出第 21 至 30 条记录
select * from table limit30,10     //第 4 页输出第 31 至 40 条记录
select * from table limit40,10     //第 5 页输出第 41 至 50 条记录
```

从上述示例代码可以看出，limit 的第一个参数每翻一页就增加 10，第二个参数固定不变，根据 limit 参数变化规律，可以得出分页公式为：

```
select * from table limit ($CurrentPageID-1) *$PageSize,$PageSize
```

其中，$CurrentPageID 为当前页号，$PageSize 为每页显示条数。

3. 商品推荐分页显示模块代码

代码 5-4 为商品推荐分页显示模块代码。

代码 5-4　商品推荐分页显示模块

```php
<div id="right">
<?php
$size=4;//每页显示的记录数
$cx=findGoodsByRecommend(1);//调用函数查询推荐编号为 1 的商品
if($cx==0){
    echo "暂无推荐商品";
}else{
    $page_num=ceil(count($cx)/$size);//总页数
    $sum = count($cx);   //总记录数
    if(@$_GET['page_id']){
        $page_id=$_GET['page_id'];
        $start=($page_id-1)*$size;
    }else{
        $page_id=1;
        $start=0;
    }
$fycx=findGoodsByReList(0,$size);//调用函数查询推荐编号为 1 的商品返回指定条数
?>

<?php
foreach($fycx as $row){
?><div id="r1" style="margin-top:10px;">
<script language="javascript">
function resizeImage(obj){if(obj.height>120)obj.height=120;
if(obj.width>120)obj.width=120; }
</script>
<div id="rleft"><a href="goodsInformation.php?id=<?php echo
$row['goodsid'];?>"><img src="admin/<?php echo $row['photo'];?>"
onload="resizeImage(this)" /></a></div>
<div id="rright">
<h4><?php echo $row['goodsname'];?></h4>
<p><?php $zf=$row['introduction'];
if(strlen($zf)>200){
$zf=substr($zf,0,200);
```

```
}
echo $zf."..";
?></p>
<p class="rp"><span class="xianjia">现价: &yen;
<?php
$bookprice=$row['goodsprice'];
$vipprice=$row['vipprice'];
$dz=$vipprice/10;
$jg=$bookprice*$dz;
echo $jg;
?>
</span><span class="yuanjia">原价: &yen;<?php echo $row['goodsprice'];?></span>
折扣: <span class="zhekou"><?php echo $row['vipprice'];?>折 </span></p>
<a href="addShoppingCar.php?goodsid=<?php echo $row['goodsid'];?>"></a><a
href="addShoppingCar.php?goodsid=<?php echo $row['goodsid'];?>"><img src="images/
buy_btn.png" /></a><img src="images/collect_btn.png" /></div>
</div>
<?php
}
}?>
<div id="fenye">
<p>
<?php
echo "本站共有 ".$sum." 条记录 ";
echo "每页显示 ".$size." 条 ";
echo "第 ".$page_id." 页/共 ".$page_num." 页 ";
if($page_id>=1 &&$page_num>1){
echo "<a href=?page_id=1>第一页</a>";
}
if($page_id>1 &&$page_num>1){
echo "<a href=?page_id=".($page_id-1).">上一页</a>";
}
if($page_id>=1 &&$page_num>$page_id){
echo "<a href=?page_id=".($page_id+1).">下一页</a>";
}
if($page_id>=1 &&$page_num>1){
echo "<a href=?page_id=".$page_num.">尾页</a>";
}
?>
</p>
</div>
```

需要说明的是，商品图片保存在站点的某个文件夹中，数据库中图片字段保存的值是图片的相对路径。<img>标签并不会在网页中插入图像，而是从网页上链接图像，其中 src 属性值为图片的路径。

子任务 5-3　商品搜索

1. 搜索框

在商城页面上方有一个搜索框，如图 5-8 所示。用户输入要搜索的商品关键字，便可以查出相关的商品。

【微课视频】

图 5-8　商城搜索框

搜索框的代码如代码 5-5 所示。

代码 5-5　搜索框的代码

```
<form name="searchform" action="search.php" method="post">
热门搜索:
<input name="ss" type="text" value="输入关键字"/>
<input name="ok" type="submit" value="搜索"/>
</form>
```

2. 站内搜索原理

站内搜索主要是应用 SQL 语句的模糊查找功能实现的，也就是通过 like 关键字实现。这里用到两个通配符:"%"表示 0 个或者多个字符，"_"表示单个字符。针对商品名称的搜索 SQL 代码如下:

```
select * from lg_goods where goodsname like '$soso%'
```

3. 搜索商品程序

创建搜索商品程序文件"search.php"，程序文件调用函数 findGoodsByName()，如代码 5-6 所示。

代码 5-6　搜索商品程序

```
function findGoodsByName($Name){
$strQuery = "select * from lg_goods where goodsname like '%$Name%'"; //查询语句
$rs = execQuery($strQuery);//调用 comm.php 中的 execQuery()函数
if(count($rs)>0){ //判断查询是否成功
  return $rs;
  }
return $rs;
}
```

4. 高级搜索

下面对代码 5-6 做一些修改，实现高级搜索功能。所谓高级搜索就是用户可以输入多个查询条件，多个条件同时满足时才能查询出结果。高级搜索表单页面如代码 5-7 所示。

代码 5-7　高级搜索表单页面

```
<form method="post" action="search.php">
        商品名称: <input name="goodsname" type="text" /><br/>
        规格: <input name="size" type="text"/><br/>
        价格: <input name="goodsprice" type="text" /><br/>
        <input name="search" type="submit" value="高级搜索">
</form>
```

高级搜索原理与前面讲的搜索原理基本相同，还是利用模糊查询（select * from lg_goods where goodsname like '%$value1' and size like '%$value2' and goodsprice like '%$value3'），只是由于用户输入搜索条件数量不固定，所以利用数组和 explode()函数构造一个动态的 SQL 语句。高级搜索功能如代码 5-8 所示。

129

代码 5-8　高级搜索功能

```php
<?php
include("include/comm.php");
if(isset($_POST["search"])) {
$yquery="goodsname=".$_POST["goodsname"]."&size=".$_POST["size"]."&goodsprice=
".$_POST["goodsprice"];     //将全部信息以&作为连接符放入字符串中
$key=explode('&',$yquery);  //分割字符串，将用户输入的每项信息放入数组元素中
$sql="select * from lg_goods";
$f=0;
$where="";
/* 构建动态 SQL 语句*/
for($i=0;$i<count($key);$i++)
    {
$kv=explode('=',$key[$i]);
if($kv[1]!=""){
        if($f==0)  $where = " where ";  //只有一个搜索条件
        else  $where .= " and ";  //多个搜索条件通过 and 连接
        $where.=$kv[0]." like '%".$kv[1]."%'";  //连接成最终的 where 条件
        $f++;
    }
  }
    $sql=$sql.$where;   //连接成最终的 SQL 语句
    $result=mysqli_query($conn,$sql);
  while($row=mysqli_fetch_array($result)){
    echo "<img src=admin/".$row[photo].">";
    echo $row['goodsname'];
    echo "<hr>";
  }
}
?>
```

5.4　问题思考

能否以函数的形式实现分页功能？如能请实现。

提示：考虑函数应该要提供哪些参数。

5.5　技术拓展

下面介绍一下字符串函数。

1. 字符串替换

利用字符串替换技术可以屏蔽帖子或者留言板中的非法字符，可以对查询的关键字描红。

（1）str_replace()函数：使用新字符串替换原字符串中要替换的字符串。

该函数语法格式如下：

```
str_replace(mixed search,mixed replace,mixed subject[,int count])
```

该函数会将参数 subject 中的 search 替换为 replace，参数 count 表示替换执行次数。

str_replace()函数区分大小写，如果不希望区分大小写使用 str_ireplace()函数。

（2）substr_replace()函数：把字符串的一部分替换为另一个字符串。

```
substr_replace (mixed string,string replacement,int start[,int length])
```

该函数从参数 string 的 start 位置开始替换，替换长度为 length，新内容为 replacement。

【例 5-3】对语句进行字符串替换，将数字替换为红色，如代码 5-9 所示。

代码 5-9　字符串替换

```php
<?php
    $content="截至 2022 年 12 月，中国网民规模达到 10.67 亿，网站规模达到 3440 万个。";
    $str="5.13";
    echo str_replace($str, "<font color=red>".$str. "</font>",$content);
//内容替换
    echo substr_replace($content,"<font color=red>".$str. "</font>",34,4);
//位置替换
?>
```

在商品搜索模块中利用字符串替换函数可以实现对搜索内容的高亮显示。

2. 字符串检索

（1）strstr()函数：获取一个指定字符串在另一个字符串中首次出现的位置到后者末尾的子串。

该函数语法格式如下：

```
string strstr (string haystack, string needle)
```

上述语法格式中，参数 haystack 表示搜索的字符串；参数 needle 表示搜索的内容。

（2）substr_count()函数：检索子串在字符串中出现的次数。

该函数语法格式如下：

```
int substr_count(string haystack,string needle[,int offset[,int length]])
```

在上述语法格式中，参数 haystack 表示在此字符串中进行搜索；参数 needle 表示要搜索的字符串；参数 offset 表示开始计数的偏移位置，如果是负数，就从字符的末尾开始计数。

【例 5-4】检索 URL 路径中的文件扩展名并统计字符串出现的次数，如代码 5-10 所示。

代码 5-10　检索 URL 路径中的文件扩展名和统计字符串出现的次数

```php
<?php
    $str1=" c:/images/12345.jpg";
    echo strstr($str1,".");              //检索 URL 路径中的文件扩展名
    $str2="HTML*CSS*JavaScript*PHP*MySQL";
    echo  substr_count($str2, "*");      //统计*出现的次数
?>
```

程序运行结果：

.jpg 4

3. 字符串格式化

字符串格式化就是将字符串处理成某种特定的格式。用户从表单提交给服务器的数据都是字符串形式的，为了达到预期的效果，通常需要对这些字符串进行一些处理。常见的字符串格式化函数如表 5-1 所示。

表 5-1　常见的字符串格式化函数

函数	说明
trim()	将字符串两端的空格和其他预定义字符串删除
ltrim()	将字符串左侧的空格和其他预定义字符串删除
rtrim()	将字符串右侧的空格和其他预定义字符串删除
strtolower()	将字符串转换为小写
strtoupper()	将字符串转换为大写
ucwords()	将字符串中每个单词的首字母转换为大写
ucfirst()	将字符串中的首字母转换为大写
htmlentities()	将字符串转换为 HTML 实体
htmlspecialchars()	将一些预定义字符转换为 HTML 实体
strip_tags()	去除 HTML、XML 和 PHP 等标签

【例 5-5】去除字符串的空白和特殊字符串，如代码 5-11 所示。

代码 5-11　去除字符串的空白和特殊字符

```php
<?php
    $str=" --去除字符串的空白和特殊字符--   ";
    echo ltrim($str,' -')."<br>";          //去除字符串左边的空白字符和特殊字符
    echo rtrim($str,'- ')."<br>";          //去除字符串右边的空白字符和特殊字符
    echo trim($str," -");                  //去除字符串左右两边的空白字符和特殊字符
?>
```

程序运行结果：

```
去除字符串的空白和特殊字符--
--去除字符串的空白和特殊字符
去除字符串的空白和特殊字符
```

在 PHP 中使 htmlentities()函数即可原样显示文本，使字符串中的特殊符号不被浏览器解析成网页中的元素。

htmlentities()函数语法格式如下：

```
string htmlentities（string string[,int quote_style[,string charset]] ）
```

上述语法格式中，参数 string 为要转换的字符串；参数 quote_style 用于决定如何处理字符串中的引号，有 3 个可选值，即 ENT_QUOTES（转换双引号和单引号）、ENT_COMPAT（只转换双引号）、ENT_NOQUOTES（忽略双引号和单引号）；参数 charset 用于确定转换所使用的字符集。htmlentities()函数示例如代码 5-12 所示。

代码 5-12　htmlentities()函数示例

```php
<?php
$str=" <font color=red>HTML 字符串</font>";
echo htmlentities($str,ENT_QUOTES, "gb2312")."<br>";//设置转换的字符集为"gb2312"
?>
```

程序运行结果：

<font color=red>HTML字符串</font>

【例 5-6】下面应用字符串函数完成一篇文章的分页显示，如代码 5-13 所示。

代码 5-13　文章分页显示

```php
<?php
    function mysubstr($str,$start,$len){        //本函数主要用于解决中文字符串截取问题
        $tmpstr = "";
        $strlen =$start+$len;
        for($i=0;$i<$strlen; $i++) {
            if(ord(substr($str,$i,1))>0xa0){    //ord()函数返回字符的 ASCII 值，在
页面编码方式为 GB2312 前提下，如果 ASCII()大于 0xa0 表示为汉字
                $tmpstr.=substr($str,$i,2);     //如果为汉字则一次截取两个字符
                $i++;
            } else{
                $tmpstr.=substr($str,$i,1);     //如果为英文字符则一次截取一个字符
            }
        }
        return $tmpstr;        //返回字符串
    }
    $str="北国风光，千里冰封，万里雪飘。望长城内外，惟余莽莽；大河上下，顿失滔滔。山舞银蛇，
原驰蜡象，欲与天公试比高。须晴日，看红装素裹，分外妖娆。江山如此多娇，引无数英雄竞折腰。惜秦皇汉武，
略输文采；唐宗宋祖，稍逊风骚。一代天骄，成吉思汗，只识弯弓射大雕。俱往矣，数风流人物，还看今朝。";
    $t=strlen($str);
    $size=100;
    $num=ceil($t/$size); //计算共有多少页
    $page=(!empty($_GET['page']))?$_GET['page']:1;
    $str1=mysubstr($str,0,($page-1)*$size);    //计算上一页的所有字符
    $str2=mysubstr($str,0,$page*$size);        //计算当前页的所有字符
    echo substr($str2, strlen($str1),strlen($str2)-strlen($str1));//当前页字符
为：从当前页的所有字符中截取，起始位置为上一页结束字符位置，截取长度为当前页所有字符长度减去上一
页所有字符长度
    echo "<br>";
    echo"<a href=?page=1>第一页</a> ";
    echo "<a href=?page=".($page+1).">下一页</a> ";
    echo"<a href=?page=".($page-1).">上一页</a> ";
        echo"<a href=?page=".$num.">尾页</a> ";
?>
```

程序运行结果如图 5-9 所示。

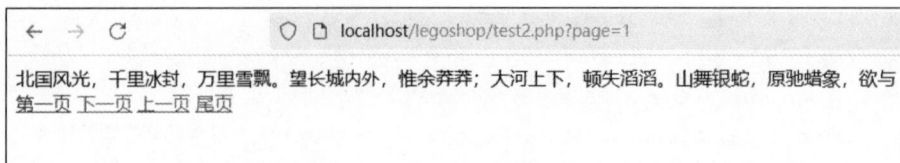

图5-9 文章分页显示

5.6 学习小结

本任务完成了乐GO商城前台商品显示模块的开发，主要包括商品推荐、商品分页显示和商品搜索等功能。在这个过程中，在操作数据库的基础上介绍了URL传值和SQL语句的分页原理。在技术拓展部分介绍了Web开发中常用的字符串函数，包括字符串替换、检索和格式化等函数。

5.7 课后练习

一、选择题

1. URL 中存在多个参数时，参数之间用（　　）符号隔开。

    A. *　　　　　　　　　B. #　　　　　　　　C. &　　　　　　　　D. $

2. 可以用（　　）来接收 URL 传过来的参数。（多选）

    A. $_GET["参数"]　　　　　　　　　　B. $_POST["参数"]

    C. $_SERVER["参数"]　　　　　　　　D. $_URL["参数"]

3. （　　）函数将数组转换为字符串。

    A. implode()　　　B. explode()　　　C. str_replace()　　D. strlen()

4. 以下程序的运行结果为（　　）。

```php
<?php
  $str="cc\ee45\";
  echo strlen($str);
?>
```

    A. 6　　　　　　　　　B. 7　　　　　　　　C. 8　　　　　　　　D. 9

5. 以下程序的运行结果为（　　）。

```php
<?php
  $str="This course is very easy";
  $first=explode(' ',$str);
  $second=implode('_',$first);
  echo $second;
?>
```

    A. This_Course_is_very_easy　　　　B. This Course is very easy

    C. Course　　　　　　　　　　　　D. This

6. 创建一个数据库连接文件，不会用到的函数是（　　）。

    A. mysqli_connect()　　　　　　　　B. mysqli_select_db()

C. mysqli_fetch_array()   D. mysqli_query()

二、简答题

1. 简述 URL 传值的主要方式。

2. 简述站内搜索的原理。

三、操作题

继续完善商城前台商品显示模块的开发，完成商品分类显示、最新商品显示、商品详情页面的开发。

任务六
乐GO商城注册和登录模块开发

06

学习目标

> 职业能力目标

1. 能使用Cookie和Session实现登录等常用Web功能。
2. 能使用PHP图像库函数生成简单的图像。
3. 能处理Web请求与转发。
4. 通过复杂的编码增强逻辑思维能力。
5. 通过项目案例，培养学生分析问题、解决问题的能力。

> 知识目标

1. 理解用户状态概念。
2. 掌握Cookie的作用及应用场景。
3. 掌握Session的作用及应用场景。
4. 理解PHP的图像库常用处理函数。

6.1 任务引导

用户状态是指网站中不同用户的信息。用户状态保持是指在网站的不同页面之间会保持用户的状态信息。比如用户登录后，所有页面都是登录状态；注销登录后，所有的页面都是非登录状态；用户将添加商品到购物车后，在购物车展示、订单提交等页面可能都保留了该用户的购物车信息。

很多网站都有注册和登录的功能，例如电子商务网站、办公系统网站、微博、社群等网站系统，在使用这些网站功能的时候一般要先注册再登录。在乐 GO 商城中，看到喜欢的商品并决定购买的时候，需要将商品放到购物车，然后单击"结算"按钮并填写邮寄地址等信息。当提交订单时，如果还没有登录，网页会跳转到登录页面，如果还没有注册，网页会提示应先注册再登录。

既然注册和登录是网站开发过程中经常用到的功能模块，下面就介绍如何开发商城的注册和登录模块。

注册和登录模块主要包括用户登录和用户注册两个功能。乐 GO 商城的登录页面如图 6-1 所示。

图 6-1　乐 GO 商城的登录页面

　　注册和登录是普通浏览者来到网站都可以使用的功能。注册和登录功能的开发主要用到用户表。用户注册过程就是将用户注册时填写的信息插入数据库用户表；用户登录过程就是将用户登录时填写的信息与数据库中的信息相匹配，如果一致则登录成功。

　　在用户注册过程中，需要用户填写验证码。验证码的设计是为了提高程序的安全性，验证码上的图像是随机数，由于计算机程序对图像的识别很困难，所以可以防止恶意程序在网站注册用户。

　　不同网站用户注册和登录有所不同，但大致流程相同。本书所开发的乐 GO 商城的注册和登录模块流程如图 6-2 所示。

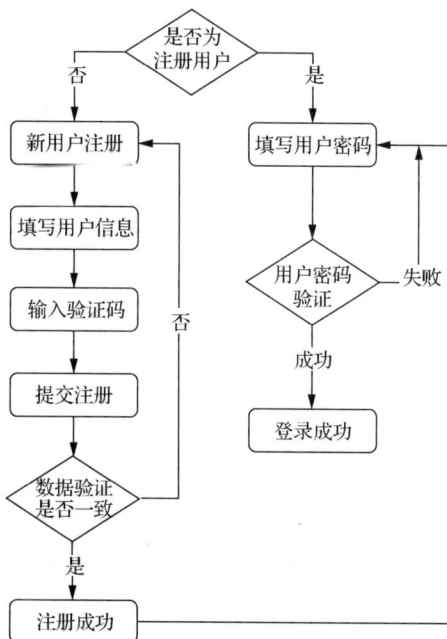

图 6-2　乐 GO 商城注册和登录模块流程

6.2　知识准备

　　用户登录过程中要解决一个问题，即用户在登录成功后，不管用户到达网站的哪个页面，用户始终应该处于登录状态。由于 HTTP 是无状态协议，所以它不能够跟踪一个客户端用户，PHP 变量的作用范围也局限于同一个 PHP

【微课视频】

文件，它也不能够跟踪客户端用户，那么 PHP 服务器是如何跟踪一个客户端用户的呢？这里用到了 PHP 中的 Session 和 Cookie。

6.2.1 Cookie

1. Cookie 概述

Cookie 是由网站服务器发送出来存储在客户端浏览器上的少量信息，从而使访客下次访问该网站时，可以从浏览器读回这些信息。这种机制可以让浏览器记住访客的特定信息，例如登录的用户名、上次访问的位置、浏览的商品等内容。

以用户登录过程为例，用户通过客户端浏览器访问 Web 服务器的登录页面，并输入用户名和密码进行登录，此时用户信息就保存在客户端的 Cookie 中。当用户再次访问同一服务器的其他页面时，就会自动携带 Cookie 中的数据一起访问，故不用每个页面都进行登录操作。

若把 Web 服务器比作一家商场，商场中的每个店面就是一个页面，而 Cookie 好比是顾客第一次去商场时商场发的会员卡，当顾客在商场任意一家店面购物时，只要出示会员卡便可以享受优惠，注意会员卡是顾客随身携带的。在会员卡的有效期内，任何时候来到商场都会被当作商场会员。

2. Cookie 的管理

（1）设置 Cookie

PHP 在 HTTP 的头信息里发送 Cookie，因此必须在浏览器输出其他信息前设置 Cookie，即使是空格或者空行也不行。设置 Cookie 的函数是 setcookie()，其语法格式如下：

```
setcookie(name, value, expire, path, domain);
```

或

```
setcookie(string name[,string value[,int expire[,string path[,string domain
[,bool secure]]]]])
```

该函数返回一个布尔值，其各参数含义如下。

◆ name：Cookie 的变量名。

◆ value：Cookie 变量的值。

◆ expire：设置 Cookie 失效日期，如果不设置失效日期，Cookie 将永远有效。

◆ path：Cookie 在服务器端有目录，即只有访问有效目录下的文件才可以获取 Cookie。若将该参数设置为'/'，则 Cookie 在整个域内都有效；若将该参数设置为'/temp/'，则 Cookie 只在域下的 temp 目录及其所有子目录下有效。默认值为 Cookie 所处的当前目录。

◆ domain：指定 Cookie 的有效域名。若要 Cookie 在 bvtc.com 域名下的所有子域名都有效，应将该参数设置为".bvtc.com"；若将参数设置为"jsj. bvtc.com"，则只是在 jsj 子域名有效。

◆ secure：如果值是 1，则 Cookie 只在 HTTPS 连接上有效；如果默认值为 0，则在 HTTP 和 HTTPS 连接上均有效。

（2）接收和处理 Cookie

PHP 对 Cookie 的接收和处理都有很好的支持，可通过预定义数组$_COOKIE 来读取浏览器中的 Cookie。

【例 6-1】在一个页面创建 Cookie 变量，在另一个页面访问变量信息。设置 Cookie 如代码 6-1 所示。

代码 6-1　设置 Cookie

```php
<?php
$value='林冲';
setcookie('username',$value);      //设置 Cookie
setcookie('username',$value,time()+3600);       //设置 Cookie 有效期为 1 个小时
setcookie('username',$value,time()+3600,'/tmp/','test.com',1);  // 设置 Cookie
有效目录为 tmp，有效域名为 test.com 及其所有子域名，且只在 HTTPS 连接上有效
?>
```

代码 6-1 运行完后，再创建一个新文件输出 Cookie 的值。跨页面访问 Cookie 如代码 6-2 所示。

代码 6-2　跨页面访问 Cookie

```php
<?php
echo $_COOKIE['username'];
?>
```

程序运行结果：

> 林冲

（3）删除 Cookie

把 Cookie 的值设置为空或者有效期设置为小于当前时间的值，即可删除 Cookie。删除 Cookie 如代码 6-3 所示。

代码 6-3　删除 Cookie

```php
<?php
setcookie('username', '',time()-1);
?>
```

6.2.2　Session

1. Session 概述

Session 技术与 Cookie 相似，都可以用来存储访问者的信息，但最大的不同在于 Cookie 是将信息放在客户端，而 Session 是将数据存放在服务器中。Session 在英语中是会议、会期的意思，用于网络领域时，可以称之为客户端与服务器的会话期。从客户端输入网站的网址开始访问到关闭浏览器结束访问，经过的这段时间就可以称为一个 Session，它是一个特定的时间概念。

6.2.1 小节中把 Cookie 比作第一次去商场时为顾客提供的会员卡，会员卡由顾客自己保存，如果顾客的会员卡丢失了就不能以会员的身份购物了。如果顾客在办理会员卡时把会员卡保存在商场，而顾客只保存卡号，则下次购物时只提供卡号就可以。Session 就如同此种场景下的会员卡号。在服务器端保存 Session 变量的名和值，同时在客户端保存由服务器创建的一个 Session 标识符（SessionID）。当用户再次访问服务器时，就会把 SessionID 发送给服务器，根据 SessionID 就可以提取保存在服务器端的 Session 变量的值。

Session 变量以文件的形式保存在服务器端，文件中保存 Session 的变量名和值，PHP 配置文件 php.ini 的 session.save_path 选项设定保存的位置。

2. Session 的管理

首先要启动 Session，然后才可以将各种信息存储在 Session 变量中，这些信息可以在多个 PHP 脚本中使用。

（1）启动 Session

在 PHP 中，使用 session_start()函数启动 Session，函数语法格式如下：

```
bool session_start(void)
```

该函数返回一个布尔值。使用该函数的原则是，在使用 session_start()函数之前不能向浏览器输出任何内容。session_start()函数除了可以启动 Session 外，还可以返回已经存在的 Session。

（2）使用 Session 变量存储信息

启动 Session 后，即可将信息存储到 Session 变量中，在 PHP 中，Session 变量保存在全局数组变量$_SESSION 中。

【例 6-2】在一个页面创建 Session 变量，在另一个页面访问变量信息。设置 Session 变量如代码 6-4 所示。

代码 6-4　设置 Session 变量

```php
<?php
session_start();    //启动 Session
$_SESSION['username']='bvtc';    //将用户名保存在 Session 变量中
?>
```

运行完代码 6-4 后便可以在其他文件调用此 Session 变量，创建一个新文件，输出用户登录的用户名。跨页面访问 Session 变量如代码 6-5 所示。

代码 6-5　跨页面访问 Session 变量

```php
<?php
session_start();    //启动 Session
echo $_SESSION['username'];    //输出用户名
?>
```

需要注意的是，代码 6-5 运行过程中不要关闭浏览器，默认情况下，关闭浏览器 Session 就销毁。

（3）注销 Session 变量

当使用完一个 Session 变量后，可以将其删除，当完成一个会话后，可以将其销毁。

使用 session_destroy()函数可销毁当前 Session 中全部数据。但是该函数并不会释放和当前 Session 相关的变量，也不会删除保存在客户端的 SessionID，SessionID 的删除是要借助 setcookie()函数实现的。

使用 unset()函数可以注销 Session 变量，其函数语法格式如下：

```
void unset(void)
```

使用 unset($_SESSION['username'])可以销毁单个 Session 变量。通过$_SESSION=array()可以一次销毁所有 Session 变量。

【例 6-3】Session 的注销过程需要四步，如代码 6-6 所示。

代码 6-6　Session 的注销

```php
<?php
session_start();  //开启 Session
```

```php
$_SESSION=array();     //删除所有 Session 变量
if(isset($_COOKIE[session_name()])){
setcookie(session_name(),'',time()-3600);     //删除 SessionID
}
session_destroy();        //最后彻底销毁 Session
?>
```

上述代码中，通过 session_name()函数可以获取 Session 名称。

6.2.3　相关函数

1. 随机数函数 rand()

在程序中常常需要产生一个随机数，产生随机数通常要使用 rand()函数，函数语法格式如下：

```
int  rand([int min,int max])
```

函数产生一个 min～max 的随机数，可能等于$min 与$max，返回值是整型形式。当没有参数时，返回一个 0～32768 的随机数。

【例 6-4】产生 4 位数字形式的随机数，如代码 6-7 所示。

代码 6-7　产生 4 位数字形式的随机数

```php
<?php
    $num='';
    for($i=0;$i<4;$i++){
        $num.=rand(0,9);   //产生 0～9 的一个随机数并连接成 4 位的数
    }
    echo $num;
?>
```

程序运行结果：

4274

需要注意的是，每次刷新时值都会发生变化。

2. MD5 加密算法

MD5 加密算法针对随机长度的信息产生 128 位的加密信息，MD5 加密是单向加密技术，常用于用户注册和登录模块。PHP 中使用 md5()函数实现 MD5 加密算法，其语法格式如下：

```
string md5(string str);
```

该函数返回一个加密后的字符串，参数 str 为要加密的字符串。

【例 6-5】将一个字符串通过 md5()函数进行加密。字符串加密如代码 6-8 所示。

代码 6-8　字符串加密

```php
<?php
    $str=md5("pass");     //对"pass"字符串进行加密处理
    echo $str;            //输出加密处理后的字符串
?>
```

运行结果：

1a1dc91c907325c69271ddf0c944bc72

141

3. 创建图像函数

PHP 提供了近百个图像处理函数，可以用来创建和操作多种不同格式的图像文件。要想在 PHP 中进行图像处理，必须在编译 PHP 时加载图像函数的 GD 库。加载 GD 库的方法很简单，只需要将 PHP 配置文件 php.ini 中的"extension=php_gd2.dll"前的分号去掉。

使用 imagecreate()函数可以创建一个空白图像，其语法格式如下：

```
resource imagecreate(int x_size,int y_size);
```

该函数返回一个图像标识符，其各参数含义如下。

◆ x_size：表示图像宽度。

◆ y_size：表示图像长度。

4. 分配颜色函数

使用 imagecreate()函数创建的图像是一个空白图像，需要使用 imagecolorallocate()函数为其设置背景色和内容的颜色。该函数语法格式如下：

```
imagecolorallocate(resource image,int red,int green,int blue);
```

该函数返回一个颜色标识符，表示由给定 RGB 成分组成的颜色，如果失败则返回-1。该函数各参数含义如下。

◆ image：表示图像标识符，是创建图像函数的返回值。

◆ red、green 和 blue：表示所需要的颜色的红、绿、蓝成分，这些参数的取值范围是 0～255。

5. 向图像写入文本函数

（1）使用 imagechar()函数可以沿水平方向向图像中写入一个字符，该函数语法格式如下：

```
bool imagechar(resource image,int font,int x,int y,string c,int color)
```

该函数返回一个布尔值，函数各参数含义如下。

◆ image：表示图像标识符。

◆ font：参数值为 1、2、3、4、5，表示使用内置的字体，数字越大，字体越大。

◆ x、y：表示写入字符距左上角的距离。

◆ c：表示写入的字符。

◆ color：表示写入字符的颜色。

（2）使用 imagestring()函数可以沿水平方向在图像中写入一行字符串，该函数语法格式如下：

```
bool imagestring(resource image,int font,int x,int y,string s,int color)
```

该函数中参数 s 表示要写入的字符串，其余的参数含义同 imagechar()函数的参数含义。

6. 输出图像函数

若要以某种格式将一个图像输出到客户端浏览器上，首先需要通过 header()函数设置输出图像文件的 MIME（Multipurpose Internet Mail Extensions，多用途互联网邮件扩展）类型。header() 函数的作用是发送原生的 HTTP 头，其语法格式如下：

```
header ( string $string [, bool $replace = true [, int $http_response_code ]] )
```

该函数中参数 string 表示头字符串；replace 是可选参数，表示是否用后面的头替换前面相同类型的头，默认值是 True，表示替换；http_response_code 表示强制指定 HTTP 响应的值。

设置文件类型代码如下：

```
header("content-type:image/gif");          //设置输出图像文件为 GIF 类型
header("content-type:image/jpeg");          //设置输出图像文件为 JPEG 类型
header("content-type:image/png");          //设置输出图像文件为 PNG 类型
```

根据设置的文件类型，使用相应的函数将图像输出到浏览器。使用 imagegif()函数可以生成 GIF 格式的图像并将图像输出到浏览器，该函数语法格式如下：

```
bool imagegif(resource image[,string filename])
```

上述语法格式中，参数 image 表示图像标识符；参数 filename 为可选参数，用于指定要保存的图像文件名。对于 JPEG 和 PNG 格式的图像分别使用 imagejpeg()和 imagepng()函数输出。

【例 6-6】利用图像函数产生一个由 4 位随机数组成的图像验证码。生成图像验证码如代码 6-9 所示。

代码 6-9　生成图像验证码

```php
<?php
$num='';
for($i=0;$i<4;$i++){
  $num.=rand(0,9);      //生成一个 4 位随机数
}
$im=imagecreate(60,30);      //创建一个 60×30 的图像
$blue=imagecolorallocate($im,0,0,255);      //设定图像的背景色
$white=imagecolorallocate($im,255,255,255);  //此颜色作为插入文字的颜色
imagestring($im,5,10,6,$num,$white);  //将 4 位随机数写入图像
header('content-type:image/gif');  //设定输出图像文件类型
imagegif($im);  //输出图像
?>
```

程序运行结果：

9679

需要注意的是，每次刷新页面时验证码一般都不一样。

6.3 任务实施

子任务 6-1　验证码制作

在很多网站的用户注册或登录过程中，需要正确输入验证码才能注册或登录成功。在例 6-6 中利用图像函数生成了由 4 位随机数组成的验证码，但是实际应用中，验证码通常是字母和数字的组合，并且有一些干扰背景图像，下面制作一个这样的复杂验证码，如代码 6-10 所示。

【微课视频】

代码 6-10　图像验证码

```php
<?php
session_start();    //启动 Session
/*  生成一个包含字母和数字的 4 位验证码  */
```

```
$str="abcdefghijklmnopqrstuvwxyz0123456789";
$num='';
for($i=0;$i<4;$i++){
    $num.=substr($str,rand(0,29),1);
}
$_SESSION['zym']=$num;     //将随机数保存到Session中
$img=imagecreate(60,20);     //创建一个60×20的图像
$white=ImageColorAllocate($img,255,255,255);   //设置图像的背景色为白色
$blue=ImageColorAllocate($img,0,0,255);     //设置图像中文本颜色为蓝色
/*  将多个颜色不同的*号添加到图像中   */
for($i=1;$i<200;$i++){
    $x=rand(1,60-9);
    $y=rand(1,20-6);
    $color=imagecolorallocate($img,rand(200,255),rand(200,255),rand(200,255));
    imagechar($img,1,$x,$y," *",$color);
}
/*  将4位验证码添加到图像中，添加的位置不固定   */
$strx=rand(3,8);
for($i=0;$i<4;$i++){
    $strpos=rand(1,6);
    imagestring($img,5,$strx,$strpos,substr($num,$i,1),$blue);
    $strx+=rand(8,12);
}
header ("Content-type: image/gif");   //设置输出图像的格式
ob_clean();//清除缓冲区
imagegif($img);     //输出图像
?>
```

程序将随机数保存到 Session 中，是为了用户登录或者注册时，将此随机数和用户输入的验证码进行匹配。

程序运行结果：

需要注意的是，在代码实现过程中，不能有任何其他的输出。例如，若代码开始前有空格，将导致输出乱码而非正确的图形。

子任务 6-2　用户注册

用户注册功能可通过用户注册页面（register.php）和添加注册页面（addregister.php）两个程序实现。其中，用户注册页面负责收集用户信息，添加注册页面负责将用户信息添加到数据库用户表中。

1. 创建用户注册页面

要注册一个用户，需要通过一个表单获得用户的详细信息，并且将这些信息保存到数据库中。商城用户注册页面如图6-3所示。

【微课视频】

图 6-3　用户注册页面

用户注册页面代码如代码 6-11 所示。用户注册页面主要由接收用户信息的 HTML 表单组成，当用户单击"注册"按钮后，首先触发 JavaScript 的 onsubmit 事件，调用数据验证程序，如果通过验证，则将用户填写的信息提交到添加注册页面。

代码 6-11　用户注册页面

```
<form  action="addRegsiter.php" method="post" style="background:url
(images/bg.gif) no-repeat;" id="register" name="user_register_form"
onsubmit="return check(this);">
<h1>用户注册</h1>
<ul>
<li><a href="#">1.填写注册信息</a></li>
<li><a href="#">2.注册成功</a></li>
<li style="margin-left:480px; font-size:12px;">以下<font style="color:#F00;">
*</font>的项目为必填项</li>


</ul>
<table width="571" border="0" id="table2" >
<tr>
<td width="80" height="49"><font color="#FF0000">*</font>用 户 名: </td>
<td width="166"><input name="username" type="text"  /></td>
<td style="text-align:left; padding-left:5px;" id="username"><font color=
"#0000FF";><font color="#0000FF";><img src="images/logintb.jpg" style="padding-
right:5px;"/>请填写方便您记忆的用户名</font></td>

</tr>
<tr>
<td height="49"><font color="#FF0000">*</font>登录密码: </td>
<td><input name="passwords" type="password" /></td>
```

```
      <td style="text-align:left; padding-left:5px;" id="passwords"><font color=
"#0000FF";><img src="images/logintb.jpg" style="padding-right:5px;" />6～20 位英文
字母或者数字，建议采用易记的英文与数字组合</font></td>
   </tr>
   <tr>
   <td height="61"><font color="#FF0000">*</font>确认密码: </td>
   <td><input name="repasswords" type="password" /></td>
   <td style="text-align:left; padding-left:5px;" id="repasswords"><font color=
"#0000FF";><img src="images/logintb.jpg" style="padding-right:5px;" />必须与设置密
码一致</font></td>
   </tr>

   <tr>
   <td height="49">联系电话: </td>
   <td><input name="telephone" type="text" /></td>
   <td style="text-align:left; padding-left:5px;" id="telephone"><font color=
"#0000FF";><img src="images/logintb.jpg" style="padding-right:5px;" />请正确填写
</font></td>
   </tr>
   <tr>
   <td height="49"><font color="#FF0000">*</font>邮箱地址: </td>
   <td><input name="email" type="text" /></td>
   <td style="text-align:left; padding-left:5px;" id="email"><font color=
"#0000FF";><img src="images/logintb.jpg" style="padding-right:5px;" />请务必真实填
写，并确认是您最常用的电子邮箱</font></td>
   </tr>
   <tr>
   <td height="49">用户地址:</td>
   <td><input type="text" name="address" /></td>
   <td style="text-align:left; padding-left:5px;" id="address"><font color=
"#0000FF";><img src="images/logintb.jpg" style="padding-right:5px;" />填写市、区、
街道、门牌号</font></td>
   </tr>
   <tr>
   <td height="49"><font color="#FF0000">*</font>验 证 码: </td>
   <td><input name="code" type="text" /></td>
   <td style="text-align:left;"><img src="include/code.php" /></td>
   </tr>
   <tr>
   <td height="55" width="80"></td>
   <td>
   <input type="submit" name="ok" id="ok" value="" style="background:url
(images/bottom.gif); width:114px; height:51px; border:0px;" />
   </td>
   <td></td>
   </tr>
   </table>
   </form>
```

需要注意的是，图像验证码的显示通过<img src="include/code.php" />这段代码实现，即
<img>标签的 src 属性等于验证码文件存放的路径。

2. 编写添加注册程序

添加注册页面负责将用户注册的信息添加到数据库中。添加注册程序处理流程为：接收用户信息→图像验证码验证→将注册信息添加到数据库→程序跳转到登录页面。添加注册页面如代码 6-12 所示。

代码 6-12　添加注册页面

```php
<?php
session_start();
include "include/lg_user.php";
if(isset($_POST['ok'])){
$username = $_POST['username'];
$passwords = $_POST['passwords'];
$repasswords = md5($_POST['repasswords']);
$telephone = $_POST['telephone'];
$email = $_POST['email'];
$address = $_POST['address'];
$coded = $_POST['code'];
$regdate = date('Y-m_d',time());
$rs = findUserByUserName($username);
//判断用户是否存在
if(!empty($rs)){
    echo "<script>alert('用户名已存在，请重新填写！')</script>";
    echo "<script>location='regsiter.html'</script>";
}
//写入数据库
else{
    //检查验证码
    if($_SESSION["identifying"] == $coded){
        /**
        //这时候可以直观地显示是不是 SQL 语句报错
        $isok = mysql_query($sql) or die(mysql_error());*/
        //调用函数，新增用户
        $sql = addUser($username,$repasswords,$email,$address,$telephone,
$regdate);
        if($sql == 1){
            echo "<script>alert('注册成功！')</script>";
            echo "<script>location='index.php'</script>";
        }else{
            echo "<script>alert('注册失败，请重新填写！')</script>";
            echo "<script>location='regsiter.php'</script>";
        }
    }
    else{
        echo "<script>alert('验证码错误！')</script>";
        echo "<script>location='regsiter.php'</script>";
    }
}
}
```

在制作图像验证码时，将验证码存放到了 Session 中，而注册时对验证码进行验证就是比较 Session 中的验证码与用户输入的验证码是否一致。用户注册时不能用明码把用户信息写入数据库，这样很不安全，需要加密后再将其添加到数据库。

子任务 6-3　用户登录

用户登录程序有两种实现方案，通过 Session 或者 Cookie 都可以实现登录功能。基于 Session 的用户登录安全性更好一些，但是通常当用户关闭浏览器时用户登录信息就失效了；基于 Cookie 的用户登录可以实现用户登录信息的长期保存。本任务中采用 Session 方案。

【微课视频】

用户登录需要通过用户登录页面（login.php）和登录验证页面（logincheck.php）来实现。其中，用户登录页面负责收集用户信息，登录验证页面负责验证用户信息是否正确。

1. 编写用户登录程序

创建图 6-4 所示的用户登录页面。当用户输入用户名、密码信息并单击"登录"按钮后，将账号、密码信息提交给登录验证页面。

图 6-4　用户登录页面

用户登录页面如代码 6-13 所示。

代码 6-13　用户登录页面

```
<form action="checkLogin.php" method="post">
<p>用户名:
<input name="username" type="text" id="username" />
</p>
<p>
        密 码:
<input name="password" type="password" id="password" />
</p>
<input name="ok"  type="submit" style="background:url(images/login_btn2.gif);
width:99px ; height:36px; margin-left:30px;" value="登录" id="ok" />
    <input name=""  type="reset" style="background:url(images/login_btn3.gif)  ;
width:97px ; height:36px; margin-left:30px; " value="重置" />
    </form>
```

2. 编写登录验证程序

登录验证页面负责接收用户登录页面传过来的用户名和密码信息，然后与数据库中的用户信息进行匹配，匹配正确则登录成功。用户登录成功后需要将登录信息保存到 Session 中以供其他页面使用。基于 Session 的用户登录验证如代码 6-14 所示。

代码 6-14　基于 Session 的用户登录验证

```php
<?php
session_start();
include "include/lg_user.php";
if(isset($_POST['ok'])){
    //接收用户名和密码
    $username=$_POST['username'];
    $password=md5($_POST['password']);

    //进行判断
    $rs=findUser($username,$password);
    if(!empty($rs)){
        $_SESSION['username']=$username;
        $_SESSION['islogin']=1;
        $_SESSION['userid']=$rs['userid'];;
        echo "<script>location.href='index.php';</script>";
    }else{
        echo "<script>alert('用户名或密码错误');</script>";
        echo "<script>location.href='login.php';</script>";
    }
}
?>
```

用户登录成功后会保存 3 个变量到 Session 中，将用户名保存到 Session 后，在其他页面就可以输出用户名；将用户 ID 保存到 Session 中是因为在生成订单时，需要将用户 ID 保存到订单表；新增加的$_SESSION['islogin']用于在其他页面判断用户是否登录，如果其值为 1 则表示用户已登录。

3. 退出登录程序

如果用户想退出登录，结束对网站的访问，可以单击网站首页中的"退出"超链接（<a href='quitlogin.php?id=1'>退出</a>），实现退出登录。用户退出登录就是将用户登录时生成的 Session 变量注销，然后跳转到网站首页。用户退出登录程序如代码 6-15 所示。

代码 6-15　用户退出登录程序

```php
<?php
session_start();  //开启 Session
if($_GET['id']==1){
    $_SESSION=array();  //删除所有 Session 变量
    if(isset($_COOKIE[session_name()])){
        setcookie(session_name(),'',time()-3600,'/');  //删除包含 SessionID 的 Cookie
    }
    session_destroy();  //最后彻底销毁 Session
    echo "<script>location.href='index.php';</script>";
}
?>
```

6.4 问题思考

问题思考 1：很多网站在用户登录后能选择保存 10 天自动登录功能，此功能应该如何实现呢？

提示：可以考虑使用 Cookie 保存用户登录信息，设置 Cookie10 天后过期。

问题思考 2：用户浏览完当前网页退出后，希望下次用户访问网站时直接跳转到上次访问的网页，该如何实现呢？

提示：使用 Cookie 保存用户最后一次访问的信息。

6.5 技术拓展

除了之前介绍的图像函数外，这里再介绍一些常用的图像函数。若想了解更多图像函数，请参考 PHP 手册。

1. 创建真彩色图像

imagecreatetruecolor()函数用于创建一个真彩色图像，该函数语法格式如下：

```
resource imagecreatetruecolor(int x_size,int y_size)
```

该函数返回一个图像标识符，参数 x_size 和 y_size 表示黑色图像的大小为 x_size×y_size。

【例 6-7】创建一个真彩色图像，如代码 6-16 所示。

代码 6-16　创建一个真彩色图像

```php
<?php
    $im=imagecreatetruecolor(100,40);    //创建背景为黑色的图像
    header("Content-type:image/gif");
    imagegif($im);
?>
```

2. 画像素点

PHP 还提供了一些画图函数，可用于绘制像素点、线段、矩形框等。imagesetpixel()函数可以在图像上画一个单一像素点，该函数语法格式如下：

```
bool imagesetpixel(resource image,int x,int y,int color)
```

该函数各参数含义如下。

◆　image：表示图像标识符。

◆　x、y：表示像素点相对于图像左上角(0,0)的坐标。

◆　color：表示像素点的颜色。

【例 6-8】在图像上画一个像素点，如代码 6-17 所示。

代码 6-17　画一个像素点

```php
<?php
    $im=imagecreatetruecolor(100,40);      //创建背景图像
    $red=imagecolorallocate($im,255,0,0);
    imagesetpixel($im,60,30,$red);         //在背景图像上画一个红色像素点
    header("Content-type:image/gif");
    imagegif($im);
?>
```

程序运行后在黑色背景图像上画了一个红色的像素点。

3. 画线段

使用 imageline()函数可以在图像中画一条线段，该函数语法格式如下：

```
bool imageline(resource image,int x1,int y1,int x2,int y2,int color)
```

该函数各参数含义如下。

◆ image：表示图像标识符。

◆ x1、y1：指定线段起点相对于图像左上角(0,0)的坐标。

◆ x2、y2：指定线段终点相对于图像左上角(0,0)的坐标。

◆ color：表示线段的颜色。

【例 6-9】在图像上画一条线段，如代码 6-18 所示。

代码 6-18　画一条线段

```php
<?php
        $lm=imagecreatetruecolor(100,40);
        $red=imagecolorallocate($im,255,0,0);
        imageline($im,5,16,95,16,$red);   //在图像上画一条红色线段
        header("Content-type:image/gif");
        imagegif($im);
?>
```

程序运行后在黑色背景图像上画了一条红色的线段。

4. 写入中文文本

imagechar()和 imagestring()函数可以向图像中写入字符和字符串，但只能写入英文文本，不能写入中文文本。若要向图像中写入中文，首先需要把中文字符串转换为 UTF-8 格式，然后使用 TrueType 字体向图像写入文本。

iconv()函数可把一个字符串的字符编码格式转换为所需要的字符编码格式，该函数语法格式如下：

```
string iconv (string in_charset,string out_charset,string str)
```

函数返回转换后的字符串，若失败则返回 false。该函数各参数含义如下。

◆ str：表示要转换的字符串。

◆ in_charset：表示原字符编码。

◆ out_charset：表示转换后的字符编码。

imagettftext()函数可以用 TrueType 字体向图像写入文本，该函数语法格式如下：

```
array imagettftext(resource image,float size,float angle,int x,int y,int color,string fontfile,string text)
```

该函数各参数含义如下。

◆ image：表示图像标识符。

◆ size：用于指定字体大小。

◆ x、y：表示文字写入位置。

◆ color：表示文字颜色。

◆ angle：用于指定角度，0 表示从左到右读文本。

◆ fontfile：表示要使用的字体文件的路径。

◆ text：表示要写入的文本字符串。

【例 6-10】将一个中文字符串添加到图像，向图像中添加文字如代码 6-19 所示。

代码 6-19　向图像中添加文字

```php
<?php
    $im=imagecreatetruecolor(250,80);
    $red=imagecolorallocate($im,255,255,0);
    $text=iconv('gb2312','utf-8','你好 PHP');   //转换编码格式
    $font="C:\\WINDOWS\\Fonts\\SIMKAI.TTF";      //显示字体文件的路径
    imagettftext($im,22,0,15,50,$red,$font,$text);   //将文本写入图像
    header("Content-type:image/gif");
    imagegif($im);
?>
```

程序运行结果：

你好PHP

6.6　学习小结

本任务完成了乐 GO 商城用户注册和登录模块的开发，注册和登录是大多数网站都应具备的功能，要完成的任务主要有用户登录、用户注册、退出登录和图像验证码的制作，在有些网站还有找回密码等功能。在这一过程中，介绍了 PHP 的 Cookie 机制、Session 机制和制作验证码的相关函数。在技术拓展部分介绍了 PHP 中常用的图像函数。

6.7　课后练习

一、选择题

1. SessionID 存储在（　　　）。

  A. 硬盘上　　　　　　B. 网页 URL 中　　　C. 客户端　　　　　　D. 服务器端

2. 在 PHP 中（　　　）变量数组包含客户端发出的 Cookie 数据。

  A. $_COOKIE　　　　　　　　　　　　B. $_COOKIES

  C. $_GETCOOKIE　　　　　　　　　　　D. $_GETCOOKIES

3. 用来确定 Cookie 有效期的属性是（　　　）。

　　A. value　　　　　　B. name　　　　　　C. expires　　　　D. domain

4. 关于 Session 和 Cookie 的说法，错误的是（　　　）。

　　A. Session 和 Cookie 都可以记录数据状态

　　B. Cookie 是存储在客户端的技术，Session 是存储在服务器端的技术

　　C. 在使用 Session 和 Cookie 之前页面不能有任何输出

　　D. 在使用 Cookie 前需要先启动 Cookie

5. 使用 PHP 的 GD 函数库创建图像时，需要首先获取图像资源，下面不能创建图像资源的函数是（　　　）。

　　A. imagecreate()　　　　　　　　　　B. imagecreatetruecolor()

　　C. imagecreatefromjpeg()　　　　　　D. imagecolorcreate()

6. 实现在线人数统计功能，应该用（　　　）。

　　A. Session　　　　B. Cookie　　　　　C. Domain　　　　D. Application

二、简答题

1. 简述 Session 和 Cookie 的异同点及各自的使用场合。

2. 简述用户注册和登录模块的主要功能及其处理流程。

三、实训题

1. 使用 Cookie 实现注册和登录模块用户名和密码自动保存 10 天的效果。

2. 完善用户注册和登录模块，完成用户管理模块的开发，主要包括用户信息的查看、修改等功能。

3. 使用 PHP 的 GD 图像处理库，制作中文验证码，并使验证码字符大小发生变化。

任务七
乐GO商城购物车模块开发

07

学习目标

➤ **职业能力目标**

1. 能利用数组函数进行数组的常用操作。
2. 能利用多维数组实现复杂的购物车模块。
3. 通过复杂的编码增强逻辑思维能力。
4. 通过项目案例，培养学生分析问题、解决问题的能力。

➤ **知识目标**

1. 掌握一维数组。
2. 理解PHP中的多维数组。
3. 熟悉PHP中的数组操作函数。
4. 了解PHP中的日期和时间处理函数。

7.1 任务引导

如何在商城中实现购物呢？首先来看看在现实生活中是如何在超市中购物的。通常，来到超市后，首先会推上购物车，然后开始选购商品，将所需商品放入购物车中，选购完商品后，到结算中心结算。在乐 GO 商城中购买商品的流程与在超市购买商品的流程类似，即来到商城→选购商品→将商品放入购物车→结算。乐 GO 商城中的"购物车"的作用与超市中购物车的类似，那么如何用 PHP 实现购物车呢？

购物车用于存放用户购买的商品，用户可以将选中的商品添加到购物车中、修改购物车中商品的数量、移除购物车中的商品、清空购物车、查看购买商品的总价等。开发之前，先来看看京东商城的购物车是如何实现的。

1. 选购商品

来到京东商城，完成用户的注册和登录后，便可以开始选购商品。若看到喜欢的商品，单击"加入购物车"按钮，如图 7-1 所示，可将商品放入购物车中，如图 7-2 所示，再单击"去购物车结算"按钮，将跳转到购物车管理页面。

图 7-1　选购商品

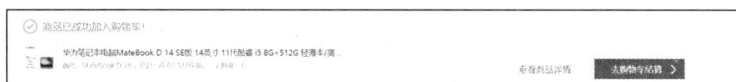

图 7-2　商品已成功加入购物车

2. 购物车管理

在购物车管理页面，用户可以将商品从购物车中删除、修改商品数量、查看店铺商品合计价格等，如图 7-3 所示。

图 7-3　购物车管理

3. 生成订单

单击"去结算"按钮可进入填写收货人信息页面，如图 7-4 所示。完成收货人信息填写后，单击"确认收货地址"按钮，将订单信息插入数据库中的订单表，生成订单，完成商品购买。

图 7-4　填写收货人信息并生成订单

4. 订单管理

在订单管理页面，如图 7-5 所示，可以取消订单。取消订单就是删除订单表中的记录。

图 7-5　订单管理

开发购物车的方法有两种：第一种是将购物信息存储到数据表中；第二种是将购物信息存储到 Session 变量中。采用第一种方法会非常浪费数据库服务器的硬盘空间，因为购物车中的商品最终不一定是用户要购买的商品，所以采用第二种方法比较好。在 Session 变量中临时存储用户所选购的商品，用户下订单后，购物车中的信息会存入数据库中的订单表，如果用户没有下订单，购物车中的商品会随着用户的退出而清空。

本任务要开发的购物车模块功能结构如图 7-6 所示。

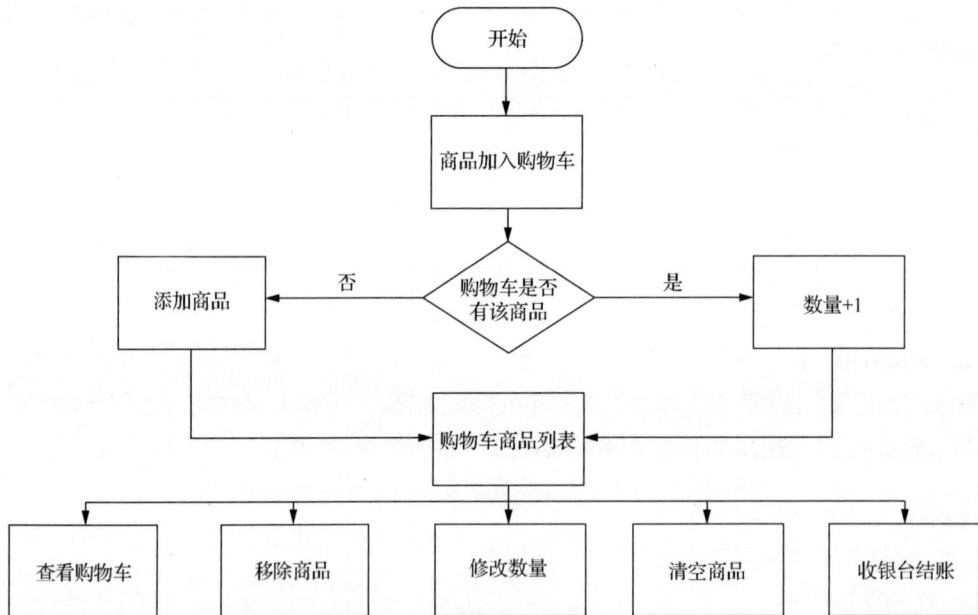

图 7-6　购物车模块功能结构

7.2　知识准备

购物车的开发主要用到了 Session 和数组的知识，下面就购物车开发过程涉及的新知识进行介绍。

【微课视频】

（1）array_key_exists()函数

array_key_exists()函数用于检查键名是否存在于指定数组中，其语法格式如下：

```
bool array_key_exists(mixed key,array search)
```

上述语法格式中，参数 key 为要查找的数组键名；参数 search 为指定的数组。当给定的 key 存在于数组中时返回 true。

【例 7-1】通过 array_key_exists()函数检查键名是否存在于指定数组中，如代码 7-1 所示。

代码 7-1　检查键名是否存在于指定数组中

```php
<?php
$arr = array('first'=>'PHP','second'=>'JSP');
if(array_key_exists('first',$arr)){
echo '键名存在于指定数组中';
}
else{
echo "键名不存在于指定数组中";
}
?>
```

（2）list()函数

list()函数用于将数组中的值赋给一些变量，其语法格式如下：

```
void list(mixed varname,mixed...)
```

【例 7-2】将数组中的值赋给一些变量，如代码 7-2 所示。

代码 7-2　将数组中的值赋给一些变量

```php
<?php
$arr = array('HTML','CSS','JavaScript');
list($a,$b,$c) = $arr;     //将数组中的所有元素赋给变量
echo $a.'---'.$b.'---'.$c;
list($a,$b) = $arr;        //将数组中的部分元素赋给变量
echo $a.'--'.$b;
?>
```

程序运行结果：

```
HTML---CSS---JavaScriptHTML--CSS
```

（3）each()函数

each()函数用于返回数组中当前的键值对，并将数组指针向前移动一步，其语法格式如下：

```
array each(array &array)
```

键值对被返回给包含 4 个元素的数组，键名为 0、1、key 和 value，其中元素 0 和 key 包含数组的键名，元素 1 和 value 包含数组的值。

【例 7-3】通过 each()函数返回数组当前的键和值，如代码 7-3 所示。

代码 7-3　返回数组当前的键和值

```php
<?php
$arr = array("a"=>"PHP","b"=>"ASP","c"=>"JSP");
$array = each($arr);
print_r($array);
?>
```

程序运行结果：

> Array ([1] => PHP [value] => PHP [0] => a [key] => a)

（4）数组形态的 Cookie 和 Session

Cookie 和 Session 都可以利用多维数组的形式，将多个内容存储在相同名称的 Cookie 或 Session 中。

【例 7-4】将用户名和密码赋值给二维数组形态的 Cookie 变量，如代码 7-4 所示。

代码 7-4　二维数组形态的 Cookie 变量

```php
<?php
setCookie("user['userName']","admin");//设置为$_COOKIE['user']['username']
setCookie("user['password']","123456");//设置为$_COOKIE['user']['password']
foreach($_COOKIE['user'] as $key =>$value){
echo "$key =>$value";
}
?>
```

程序运行结果：

> 'userName' =>admin'password' =>123456

需要注意的是，代码 7-4 必须运行第二次才有效果，因为第一次仅是存储 Cookie 变量到客户端，第二次才能读取到该 Cookie 变量。

【例 7-5】将一个二维数组赋值给 Session 变量，二维数组的每个元素表示一种程序语言，如代码 7-5 所示。

代码 7-5　二维数组形态的 Session 变量

```php
<?php
$arr[0] = array('id'=>1,'name'=>'PHP');
$arr[1] = array('id'=>2,'name'=>'JSP');
$arr[2] = array('id'=>3,'name'=>'ASP');
$_SESSION['mycar'] = $arr;
echo $_SESSION['mycar'][0]['id'];        //输出 Session 变量的第 1 个值
echo "<br>";
echo $_SESSION['mycar'][0]['name'];      //输出 Session 变量的第 2 个值
?>
```

程序运行结果：

> 1
> PHP

7.3　任务实施

下面采用 Session 方法开发购物车，主要实现添加商品至购物车、查看购物车、移除商品、修改商品数量、清空购物车和生成订单等功能。

子任务 7-1　添加商品至购物车

在商品展示区，单击相应商品的"购买"按钮，即可将商品放入购物车中。完成添加商品至购物车功能需要创建商品购买和添加商品至购物车两个页面。商品购买页面用于显示商品信息，如图 7-7 所示。

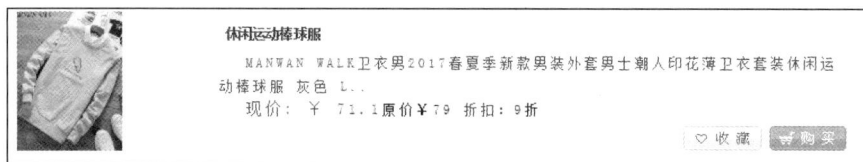

图 7-7　商品购买页面

【微课视频】

商品购买页面如代码 7-6 所示。

代码 7-6　商品购买页面

```php
<?php
Include "include/comm.php";
$sql = "select * from lg_goods";
$rs = execQuery($sql);
foreach($rs as $val){
echo "商品名称: ".$val['goodsname'];
echo "价格: ".$val['goodsprice'];
echo "<a href=addShoppingCar?goodsid=".$val['goodsid'.]">购买</a>";
//将购买的商品编号传给添加商品至购物车页面(addShoppingCar.php)
echo "<hr>";
    }
?>
```

添加商品至购物车的实现过程为：当单击"购买"按钮时，将商品编号传给添加商品至购物车页面（addShoppingCar.php）；添加商品至购物车页面接收商品购买页面传递过来的商品编号，根据商品编号查询出商品相关信息，将商品编号、商品名称、购买数量等商品信息保存到一个二维数组中，再将这个二维数组保存到 Session 中，因为只有这样才能保证用户购买的商品信息在不同页面存在。如果把二维数组看成购物车，那么用户购买的每件商品就是二维数组的一个元素。关于商品购买数量是这样处理的：用户第一次购买时默认购买数量是 1，如果用户重复购买，则在原购买数量基础上加 1。添加商品至购物车页面如代码 7-7 所示。

代码 7-7　添加商品至购物车页面

```php
<?php
include_once 'include/lg_goods.php';
session_start();

if(isset($_SESSION['islogin'])&&$_SESSION['islogin']==1){

if(isset($_REQUEST['goodsid'])){
$goodsid = $_REQUEST['goodsid'];

$rs = findGoodsByGoodsId($goodsid);
if(count($rs)>0){                  //判断是否在数据库中找到该商品
```

```
    $good = $rs;                          //取出返回结果集中的商品
    if(isset($_SESSION['shoppingCar'])){          //判断 Session 中是否存在这个变量
    $arr = $_SESSION['shoppingCar'];
    if(array_key_exists($goodsid,$arr)){      //判断该数组中是否存在这个键值(即判断购物车中
是否已经存在该商品)

    $arr[$goodsid]['num'] += 1;          //如果存在该商品,则数量加 1
    }
    else{
    //以前没有买过该商品,把该商品添加至购物车
    $arr[$goodsid] = array('goodsname'=>$good['goodsname'],'goodsprice'=>
$good['goodsprice'],'num'=>1,'goodsid'=>$goodsid,'photo'=>$good['photo']);
            }
    $_SESSION['shoppingCar'] = $arr;
            }
    else{
    //说明购物车为空
    $arr[$goodsid] = array('goodsname'=>$good['goodsname'],'goodsprice'=>
$good['goodsprice'],'num'=>1,'goodsid'=>$goodsid,'photo'=>$good['photo']);
    $_SESSION['shoppingCar'] = $arr;
            }
        }
    //在数据库中没找到该商品
    else{
    echo "<script>alert('检索商品失败,该商品无法添加至购物车! ');</script>";
        }
    }
    echo "<script>location.href='shoppingCarShow.php';</script>";
    }
    else{
    header("Location:login.php");
    }
    ?>
```

子任务 7-2　查看购物车

　　当用户选购好商品后，可进入购物车管理页面，如图 7-8 所示。在此页面可以看到所购买商品的商品名称、商品价格和商品数量等。

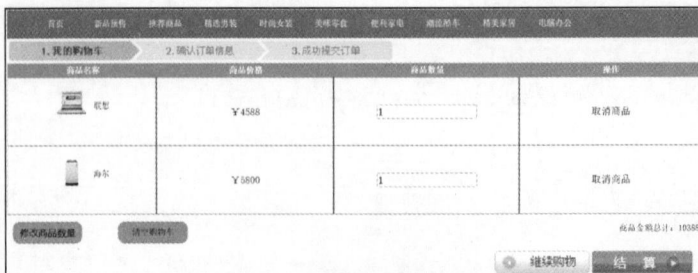

图 7-8　购物车管理页面

在选购商品时，会将商品信息保存到 Session 中，此时只需从 Session 中取出这些信息，输出到网页中即可。购物车管理页面（shoppingCarShow.php）如代码 7-8 所示。

代码 7-8　购物车管理页面

```php
<!DOCTYPE html>
<html lang="en">
<head>
<meta http-equiv="Content-Type" content="text/html; charset=gb2312" />
<title>乐 GO 商城购物车</title>
<link rel="stylesheet" type="text/css" href="css/gouwuche.css" />
</head>
<body>
<?php
    include "header.php";
?>

<script language="javascript">
function resizeImage(obj){if(obj.height>50)obj.height=50;if(obj.width>50)obj.
width=50; }
function confrimDelete(goodsid){
if(confirm('确定把该商品从购物车中移除？')){
location.href="deleteGoods.php?goodsid="+goodsid;
        }
    }
</script>
<div id="content"><img src="images/shopping_cart.jpg" />
<form action="updateGoodsNum.php" method="post" onsubmit="return slyz()">
<table width="1000" border="1"cellspacing="0" >
<tr style="color:#FFFFFF;" >
<th width="214" >商品名称</th>
<th width="252">商品价格</th>
<th width="261">商品数量</th>
<th width="255">操作</th>
</tr>
<?php
    if(isset($_SESSION['shoppingCar'])){
$arr = $_SESSION['shoppingCar'];
foreach($arr as $val){
?>
<tr >
<td style="border-top:1px #254B62 solid;"><p><img src="admin/<?php echo
$val['photo'];?>" width="44" height="59" onload="resizeImage(this)"/><a href=
"#"><?php echo $val['goodsname'];?></a></p></td>
<td style="border-top:1px #254B62 solid;">￥<?php echo $val['goodsprice'];
?></td>
<td style="border-top:1px #254B62 solid;"><input type="text" name="num[]"
id="textfield" value="<?php echo $val['num'];?>"onblur="slyz()"/></td>
<td style="border-top:1px #254B62 solid; border-right:0px"><a href="javascript:
void(0);" onclick="confrimDelete('<?php echo $val['goodsid'];?>')">取消商品
</a></td>
</tr>
<?php
}
```

```
        }
    else{
    echo "<script>alert('您的购物车为空，请前往购买页面进行购买！');</script>";
    echo "<script>location.href='index.php'</script>";
        }
    ?>
    </table>
    <div id="ft">
    <p><span class="p1">
    <input type="submit" name="updateGoosNum" value="修改商品数量" class="butt" />
        </span><span class="p1"><a href="clearShoppingCar.php"
    class="butt">清空购物车</a></span><span class="p2" > 商品金额总计: <?php echo $val
    ['goodsprice']*$val['num']; ?></span></p>
    </div>
    <a href="order.php"><p class="i1" name="ok" value="" style="background:
    url(images/account_btn.jpg) no-repeat; border:0px; width:145px; height:50px;
    cursor:pointer;"></p></a>
    <a href="index.php"><img src="images/buy_continue.jpg" class="i1"/></a>
    </form>
    </div>
    </body>
    </html>
```

子任务 7-3　移除商品

【微课视频】

在购物车管理页面，当单击"取消商品"超链接时，即可删除购物车中相应的商品。

程序运行过程为：单击"取消商品"时，弹出确认框，单击"确认"按钮，将取消的商品编号传给移除商品页面（deleteGoods.php），移除商品页面根据商品编号删除对应的 Session 变量的值。移除商品页面如代码 7-9 所示。

代码 7-9　移除商品页面

```php
<?php
session_start();
if(isset($_GET['goodsid'])){
$goodsid = $_GET['goodsid'];
if($_SESSION['shoppingCar']){
unset($_SESSION['shoppingCar'][$goodsid]);
if(count($_SESSION['shoppingCar'])==0){
unset($_SESSION['shoppingCar']);
        }
    }
}
header("Location:shoppingCarShow.php");
?>
```

子任务 7-4　修改商品数量

在"商品数量"文本框中修改商品的数量，单击"修改商品数量"按钮即可完成商品数量的修改，如图 7-9 所示。

图 7-9　修改商品数量

　　程序运行过程为：单击"修改商品数量"按钮时，新的购买数量被提交到修改商品数量页面
（updateGoodsNum.php），修改商品数量页面用新的购买数量替换 Session 中的原购买数量。修
改商品数量页面如代码 7-10 所示。

代码 7-10　修改商品数量页面

```php
<?php
session_start();
if(isset($_REQUEST['updateGoodsNum'])){      //判断表单是否提交
$num = $_REQUEST['num'];
if(isset($_SESSION['shoppingCar'])){
$arr = $_SESSION['shoppingCar'];
$i = 0;
foreach($arr as $key=>$val){
$arr[$key]['num'] = $num[$i];
$i++;
        }
$_SESSION['shoppingCar'] = $arr;
    }
echo "<script>alert('更新成功');</script>";
echo "<script>location.href='shoppingCarShow.php';</script>";
    }
?>
```

　　显示商品数量的表单代码为<input type="text" name="num[]" id="textfield"　value="<?php
echo $val['num'];?>"onblur="slyz()"/>，商品数量为 value 属性的值。

子任务 7-5　清空购物车

　　当单击"清空购物车"按钮后，购物车管理页面将没有任何商品信息。清空购物车就是将购物
车的 Session 变量销毁，清空购物车页面（clearShoppingCar.php）如代码 7-11 所示。

代码 7-11　清空购物车页面

```php
<?php
session_start();
if(isset($_SESSION['shoppingCar'])){
unset($_SESSION['shoppingCar']);
    }
header("Location:shoppingCarShow.php");
?>
```

子任务 7-6　生成订单

在购物车管理页面核实完购买的商品信息后，单击"结算"按钮，进入填写收货人信息页面（order.php），如图 7-10 所示。在用户填写完收货人地址等信息后，单击"提交订单"按钮，将订单信息插入数据库订单表，完成生成订单过程。

图 7-10　填写收货人信息页面

填写收货人信息页面如代码 7-12 所示。

代码 7-12　填写收货人信息页面

```
<div id="content">
<div id="dingdan">
<h3 style="color:#FFF; font-size:15px;">请填写收货人信息</h3>
<form action="commitOrder.php" method="post" name="form1">
<table width="261" border="0" bordercolor="#FF9900" id="tianxie" cellspacing=
"0" cellpadding="0" >
<tr>a
<td width="88" height="35"><p>收货人姓名: </p></td>
<td width="166"><input name="consignee" type="text" style="background-color:
#e8f4ff " onMouseOver="this.style.backgroundColor='#ffffff'" onMouseOut="this.
style.backgroundColor='#e8f4ff'"></td>
  </tr>
  <tr>
<td width="88" height="35"><p>收货人性别: </p></td>
<td width="166"><input type="radio" name="sex" value="女" checked="checked"/>
女<input type="radio" name="sex" value="男"/>男</td>
  </tr>
  <tr>
<td height="34">收货人地址: </td>
<td><input name="address" type="text" style="background-color:#e8f4ff "
onMouseOver="this.style.backgroundColor='#ffffff'" onMouseOut="this.style.
backgroundColor='#e8f4ff'"></td>
  </tr>
  <tr>
<td height="34"><p>邮 编: </p></td>
<td><input name="postcode" type="text" style="background-color:#e8f4ff "
onMouseOver="this.style.backgroundColor='#ffffff'" onMouseOut="this.style.
```

```
backgroundColor='#e8f4ff'"></td>
    </tr>
    <tr>
    <td height="34"><p>联系电话: </p></td>
    <td><input name="telephone" type="text" style="background-color:#e8f4ff "
onMouseOver="this.style.backgroundColor='#ffffff'" onMouseOut="this.style.
backgroundColor='#e8f4ff'"></td>
    </tr>
    <tr>
    <td height="34"><p> 邮箱地址: </p></td>
    <td><input name="email" type="text" style="background-color:#e8f4ff "
onMouseOver="this.style.backgroundColor='#ffffff'" onMouseOut="this.style.
backgroundColor='#e8f4ff'"></td>
    </tr>
    <tr>
    <td height="34"><p> 下单人姓名: </p></td>
    <td><input name="buyer" type="text" style="background-color:#e8f4ff "
onMouseOver="this.style.backgroundColor='#ffffff'" onMouseOut="this.style.
backgroundColor='#e8f4ff'"></td>
    </tr>
    <tr>
    <td height="34"><p>送货方式:</p></td>
    <td><select name="express">
    <option selected="selected">顺丰</option>
    <option>中通快递</option>
    <option>韵达快递</option>
    <option>圆通速递</option>
    </select></td>
    </tr>
    <tr>
    <td colspan="2"><div align="center">
    <input name="ok" type="submit" class="butt" value="提交订单">
    <input type="hidden" value="未处理" name="state"/>
    <input name="input" type="reset" class="butt" value="重置订单" />
    </div></td>
    </tr>
    </table>
    </form>
    </div>
    </div>
```

填写收货人信息页面包含一些用于填写收货人信息的表单元素，当单击"提交订单"按钮时，收货人信息传给生成订单页面（commitOrder.php），此页面负责将订单信息插入数据库中。生成订单页面如代码 7-13 所示。

代码 7-13　生成订单页面

```php
<?php
header("Content-Type:text/html;charset=GB2312") ;
include_once 'include/lg_indent.php';
session_start();
date_default_timezone_set('PRC');               //设置时区
```

```
if(isset($_REQUEST['ok'])){                          //判断表单是否提交
$consignee = $_POST['consignee'];           //收货人
$sex = $_POST['sex'];                      //性别
$address = $_POST['address'];
$postcode = $_POST['postcode'];
$telephone = $_POST['telephone'];
$buyer = $_POST['buyer'];
$email = $_POST['email'];
$express = $_POST['express'];
$state = $_POST['state'];
$userid = $_SESSION['userid'];
if($arr = $_SESSION['shoppingCar']){
$arr = $_SESSION['shoppingCar'];
$commodity ="";
$quantity ="";
$total = 0;
foreach($arr as $key=>$val)
        {
$commodity .= $val['goodsname'].'@';
$quantity .=$val['num'].'@';
$total += $val['num']*$val['goodsprice'];
        }
//echo $commodity;
       //echo $quantity;
$orderdate = date('Y-m-d',time());        //取得当前时间
addIndent($userid,$commodity,$quantity,$consignee,$sex,$address,$postcode,$tel
ephone,$email,$express,$orderdate,$buyer,$state,$total);
echo "<script>alert('下单成功! ');</script>";
echo "<script>location.href='index.php';</script>";
        }
    }
?>
```

当单击"提交订单"按钮时，弹出"下单成功"窗口。

程序中将购买的多个商品的名称和数量组合为字符串，目的是在订单表中以用户为单位生成记录，如果用户一次购买了多个商品，在订单表中也只有一条记录。

7.4 问题思考

添加商品至购物车页面代码相对烦琐，能否把代码减少一些？

提示：购物车涉及 3 种情况，可以考虑将某些情况的代码合并。

7.5 技术拓展

在前面已用到几个时间日期函数，下面将系统地介绍时间日期函数，主要包括 PHP 如何通过

时间、日期函数获取服务器的时间和日期，以及如何将时间和日期以不同的格式显示出来。

1. 时区设置

在 PHP 中，时间和日期函数依赖于服务器的时区设置，默认为零时区（全球共 24 个时区），即英国格林尼治天文台所在时区。如果要使用北京时间，则需要修改 PHP 的时区设置，主要有以下两种修改方法。

（1）修改 PHP 配置文件

在 php.ini 中找到 date.timezone 选项，将其值设置为 "PRC"（中华人民共和国）、"Asia/Shanghai"（上海）、"Asia/Chongqing"（重庆）或 "Asia/Urumqi"（乌鲁木齐）中的一个。

（2）date_default_timezone_set()函数

在应用程序中，在时间日期函数之前使用 date_default_timezone_set()函数可以完成对时区的设置，该函数语法格式如下：

```
bool date_default_timezone_set (timezone)
```

上述语法格式中，参数 timezone 为时区名称，具体值同上。

2. UNIX 时间戳

在 UNIX 系统中，日期和时间表示为 1970 年 1 月 1 日零点（UNIX 纪元）起到当前时间的秒数，这个时间称为 UNIX 时间戳。这是大多数计算机表示时间的一种标准格式，用 32 位的整数来表示。

（1）mktime()函数

mktime()用于获取日期的 UNIX 时间戳，其语法格式如下：

```
int mktime ( [ int hour [, int minute [, int second [, int month [, int day
[, int year [, int is_dst]]]]]]])
```

上述语法格式中，参数均为可选参数，分别表示时、分、秒、月、日、年、是否采用夏令时。

（2）time()函数

time()函数用于获取当前系统的 UNIX 时间戳，其语法格式如下：

```
int time(void)
```

【例 7-6】计算用户年龄，如代码 7-14 所示。

代码 7-14　计算用户年龄

```php
<?php
$year = 1990;
$month = 12;
$day = 20;
$birthday = mktime(0,0,0,$month,$day,$year) ;   //将用户出生日期转换为 UNIX 时间戳
$nowdate = time();                   //获取当前时间的 UNIX 时间戳
echo '$birthday=='.$birthday."<br/>";
echo '$nowdate=='.time()."<br>";
echo $age = floor(($nowdate-$birthday)/(60*60*24*365));      //计算用户年龄
?>
```

程序运行结果：

```
$birthday=661647600
$nowdate=1682686458
32
```

3. 日期和时间处理

PHP 中包含多个日期和时间处理函数，主要包括获取、格式化、检验日期和时间函数，如表 7-1 所示。

表 7-1　常用日期和时间处理函数

函数	说明
getdate()	获取日期/时间信息
date()	格式化本地日期/时间
checkdate()	验证日期有效性
gettimeofday()	取得当前时间
localtime()	取得本地时间
gmdate()	格式化 GMT/UTC 日期/时间
gmstrftime()	根据区域设置格式化 GMT/UTC 日期/时间
strftime()	根据区域设置格式化本地日期/时间

（1）getdate()函数

getdate()函数可以获取日期和时间信息，返回一个根据时间戳取得的由日期、时间信息组成的关联数组，其语法格式如下：

```
array getdate([int timestamp])
```

该函数返回的日期、时间数组元素如表 7-2 所示。

表 7-2　getdate()函数返回的日期、时间数组元素

键名	说明	返回值
seconds	秒	0～59
minutes	分钟	0～59
hours	小时	0～23
mday	一个月中的第几天	1～31
wday	一周中的第几天	0（星期天）～6（星期六）
mon	月份	1～12
year	4 位数字表示的完整年份	例如 1999 或 2003
yday	一年中的第几天	0～365
weekday	星期几的名称	Sunday～Saturday
month	月份的名称	January～December
0	自从 UNIX 纪元开始至今的秒数，与 time()的返回值和用于 date()的值类似	系统相关，典型值为 -2147483648～2147483647

【例 7-7】应用 getdate()函数获取当前时间信息，如代码 7-15 所示。

代码 7-15　获取当前时间信息

```php
<?php
$arr = getdate();    //获取当前时间
echo $arr['year']."-".$arr['mon']."-".$arr['mday'];    //输出当前时间的年、月、日
echo "<br>";
echo "今天是一年中的第".$arr['yday']."天";    //计算今天是一年中的第几天
echo "<br>";
echo "今天是本月中的第".$arr['mday']."天";    //计算今天是本月中的第几天
?>
```

程序运行结果：

```
今天是一年中的第117天
今天是本月中的第28天
```

（2）date()函数

date()函数用于对本地日期、时间进行格式化，其语法格式如下：

```
string date(string format[,int timestamp])
```

上述语法格式中，参数 timestamp 为时间戳，如果省略则使用 time()返回值；参数 format 用于指定日期和时间输出格式，具体说明如表 7-3 所示。

表 7-3　date()函数参数 format

format	说明	返回值
a	小写的上午和下午值	am 或 pm
A	大写的上午和下午值	AM 或 PM
B	Swatch Internet 标准时	000～999
g	小时，12 小时格式，没有前导零	1～12
G	小时，24 小时格式，没有前导零	0～23
h	小时，12 小时格式，有前导零	01～12
H	小时，24 小时格式，有前导零	00～23
i	有前导零的分钟数	00～59
L	是否为闰年	闰年为 1，否则为 0
o	ISO 8601 格式年份数字	例如 1999 或 2003
Y	4 位数字完整表示的年份	例如 1999 或 2003
y	2 位数字表示的年份	例如 99 或 03
F	月份，完整的文本格式	January～December
m	数字表示的月份，有前导零	01～12
M	3 个字母缩写表示的月份	Jan～Dec
n	数字表示的月份，没有前导零	1～12

format	说明	返回值
t	给定月份所应有的天数	28～31
d	一个月中的第几天，有前导零的 2 位数字	01～31
D	一周中的第几天，3 个字母缩写表示	Mon～Sun
j	一个月中的第几天，没有前导零	1～31
l（小写 L）	星期几，完整的文本格式	Sunday～Saturday
N	ISO 8601 格式数字表示的星期中的第几天	1（星期一）～7（星期天）
S	每月天数后面的英文后缀，2 个字符	st、nd、rd 或者 th
w	星期中的第几天，数字表示	0（星期天）～6（星期六）
z	一年中的第几天	0～365
W	ISO 8601 格式年份中的第几周	例如 42（当年的第 42 周）
e	时区标识	例如 UTC、GMT
I（大写 i）	是否为夏令时	夏令时为 1，否则为 0
O	与格林尼治时间相差的小时数	例如 +0200
T	本机所在的时区	例如 EST、MDT
Z	时差偏移量（秒数），UTC 西边的时区偏移量总是负的，UTC 东边的时区偏移量总是正的	-43200～43200
c	ISO 8601 格式的日期	例如 2004-02-12T15:19:21+00:00
r	RFC 822 格式的日期	例如 Thu, 21 Dec 2000 16:01:07+0200
U	从 UNIX 纪元开始至今的秒数	例如 1268635641
s	秒数，有前导零	00～59

【例 7-8】应用 date()函数格式化输出本地时间信息，如代码 7-16 所示。

代码 7-16　格式化输出本地时间信息

```php
<?php
echo date("Y-m-d");          //输出当前时间格式: 年-月-日
echo "<br>";
echo date("Y-m-d H:i:s");    //输出当前时间格式: 年-月-日 时:分:秒
echo "<br>";
echo date("Y年m月d日H时i分s秒"); //输出中文时间格式
?>
```

程序运行结果：

```
2023-11-23
2023-11-23 07:51:49
2023年11月23日07时51分49秒
```

（3）checkdate()函数

一年 12 个月、一个月 31 天（或者 30 天，平年 2 月 28 天，闰年 2 月 29 天）、一个星期 7 天，这些都是基本常识，但是计算机并不能分辨对与错。PHP 中的 checkdate()函数可以检验日期和时间的有效性，其函数语法格式如下：

```
bool checkdate(int month,int day,int year)
```

上述语法格式中，参数 month 有效值为 1～12；参数 day 有效值为当月的最大天数；参数 year 有效值为 1～32767。

【例 7-9】判断 2022 年 2 月是 28 天还是 29 天，如代码 7-17 所示。

代码 7-17　检验日期和时间的有效性

```php
<?php
$year = 2022;
$month = 2;
$one_day = 28;
$two_day = 29;
var_dump(checkdate($month,$one_day,$year));     //判断 2022 年 2 月有 28 天是否正确
var_dump(checkdate($month,$two_day,$year));     //判断 2022 年 2 月有 29 天是否正确
?>
```

程序运行结果：

```
bool(true) bool(false)
```

如果想学习更多的 PHP 时间日期函数，请参考 PHP 手册。

7.6　学习小结

本任务通过对京东商城购物体验和购物车模块的分析，完成了乐 GO 商城购物车模块的开发，主要包括添加商品至购物车、购物车管理（查看购物车、移除商品、修改商品数量、清空购物车）、生成订单等功能，当然，实际的网站还应具备支付功能。为了保证 PHP 知识学习的系统性，在技术拓展部分介绍了 PHP 的日期时间函数等。

7.7　课后练习

一、选择题

1. 下面程序的返回结果是（　　）。

```php
<?php
$arr = array('中国','美国','新加坡');
list($a,$b,$c) = $arr;     //将数组中的所有元素赋给变量
echo $b;
?>
```

　　A. 中国　　　　　　B. 美国　　　　　　C. 新加坡　　　　　D. 中国—美国

2. 下面程序的返回结果是（　　）。

```php
<?php
$arr = array("a"=>"PHP","b"=>"ASP","c"=>"JSP");
```

```
$array = each($arr);
$array = each($arr);
print_r($array);
?>
```

    A. Array ([1] => PHP [value] => PHP [0] => a [key] => a)

    B. Array ([1] => ASP [value] => ASP [0] => b [key] => b)

    C. Array ([0] => PHP [value] => PHP [1] => a [key] => a

    D. Array ([0] => ASP [value] => ASP [1] => b [key] => b)

二、操作题

完善购物车模块的开发，增加前台用户订单查看、修改地址和删除订单的功能。

任务八
乐GO商城后台商品管理模块开发

08

学习目标

> **职业能力目标**
1. 能完成文件上传表单及控件的设置。
2. 能利用文件上传函数实现文件上传功能。
3. 能利用文件读写等操作完成读写日志等功能。
4. 通过项目案例，培养学生分析问题、解决问题的能力。

> **知识目标**
1. 熟悉PHP文件上传的常用函数。
2. 掌握文件上传的基本操作步骤。
3. 理解PHP文件上传的过程。
4. 了解PHP中文件读写操作常用的函数。

8.1 任务引导

到目前为止已经完成了前台商品展示、注册和登录、购物车等模块的开发，这些功能模块都属于网站前台用户使用的功能。那么网站的运营商如何去完成添加商品、销售数据分析、订单备注等日常管理工作呢？

要完成这些工作还需要完成网站后台管理系统的开发。网站后台管理系统中的功能普通用户没必要也没有权限使用，只有网站运营商的管理人员才可以登录操作。本书只介绍网站后台管理系统中商品管理模块和统计模块的开发，本任务先介绍商品管理模块的开发。

商城后台管理系统的功能主要包括用户管理、商品管理、订单管理、公告管理等内容，当然后台管理系统中还应该包括商品销售数据的分析功能，从而有利于网站运营商做出商业决策。本任务主要以商品管理模块为例来讲解。用户需以管理员身份登录后台管理系统。对商品的管理包括商品类别管理和商品信息管理，具体管理操作包括：商品类别的查看、添加、删除和修改；商品的查看、添加、删除和修改。

8.2 知识准备

在添加商品时，需要将商品的图片上传到服务器，然后将其显示在页面中。那么 PHP 如何实现文件上传呢？

1. 客户端设置

文件上传是通过 HTML 表单中的<input type="file">标签选择本地文件实现的。如果希望表单支持文件上传，则应对标签<form>中的 enctype 和 method 属性进行相应的设置。其中，enctype 属性用于设置表单的 MIME 编码，如希望支持文件上传，其值需设定为"multipart/form-data"，它的默认值"application/x-www-form-urlencoded"是不支持文件上传的；如希望支持文件上传，method 属性值必须为"post"，"get"方式不支持文件上传。

另外，为了提高程序的安全性，还需要在表单中设置一个 hidden 类型的文本框，其 name 属性值为 MAX_FILE_SIZE,value 值为限制文件上传大小的值（单位为字节），它不能超过 PHP 配置文件中的 upload_max_filesize 的值。支持文件上传的示例代码如下：

```
<form name="upform" method="post" enctype="multipart/form-data">
        <input type="hidden" name="MAX_FILE_SIZE" value="102400">
        <input type="file" name="upfile">
        <input type="submit" value="长传文件">
</form>
```

2. 服务器端设置

客户端的上传表单只能提供选择本地文件和指定发送给服务器的标准方式，文件上传后的接收和处理操作则需要服务器端 PHP 脚本实现。服务器主要涉及以下几方面内容。

（1）PHP 的配置文件

PHP 的配置文件 php.ini 对上传文件的控制包括是否支持上传、上传文件的临时目录、上传文件的大小、指令执行的时间和指令分配的内存空间，具体相关指令如下。

◆ file_uploads：是否支持上传。值为 on 表示服务器支持上传，值为 off 表示服务器不支持上传。

◆ upload_tmp_dir：上传文件的临时目录。在文件上传到指定位置之前，文件会先上传到临时目录。

◆ upload_max_filesize：服务器允许上传文件的最大值。系统默认为 2MB，如果上传文件过大，则需要修改这个值。

◆ max_execution_time：PHP 中一个指令所能执行的最长时间，单位为秒。如果上传文件过大，上传时间超过这个值，那么文件不能上传成功。

◆ memory_limit：PHP 中一个指令所分配的内存空间，单位为 MB。它的大小同样影响到超大文件上传。

（2）$_FILES 全局数组

表单通过 POST 方法上传的文件信息被存储在$_FILES 全局数组中，例如上传文件的名称、大小、类型等。下面介绍一下$_FILES 中每个元素的含义，如表 8-1 所示，其中 filename 为<input>标签的 name 属性值。

表 8-1 $_FILES 全局数组元素说明

数组元素	说明
$_FILES["filename"]["name"]	存储上传文件的原文件名，包括扩展名，例如 tmp.jpg
$_FILES["filename"]["size"]	存储上传文件大小，单位为字节
$_FILES["filename"]["tmp_name"]	存储上传文件的临时目录和文件名。文件被上传后，先存储在服务器端的临时目录，临时目录位置由 PHP 配置文件中的 upload_tmp_dir 指定
$_FILES["filename"]["type"]	存储上传文件的 MIME 类型，MIME 类型用来设定某种扩展名的文件用何种应用程序打开，每种 MIME 类型都由 "/" 分隔的主类型和子类型组成，例如 "image/gif" 的主类型为图像（image），子类型为 GIF 格式的文件
$_FILES["filename"]["error"]	存储与上传有关的错误代码，其返回值有 5 种可能。 0：表示没有任何错误，文件上传成功。 1：表示上传文件的大小超出了 PHP 配置文件中 upload_max_filesize 设定的值。 2：表示上传文件的大小超出了 HTML 表单中 MAX_FILE_SIEZ 设定的值。 3：表示文件只是部分被上传。 4：表示没有上传任何文件

（3）move_uploaded_file()函数

文件上传后，首先会存储于服务器的临时目录中，可以使用 move_uploaded_file()函数将上传文件移动到新位置，如果成功则返回 true，否则返回 false。该函数语法格式如下：

```
bool move_uploaded_file(string filename,string destination)
```

上述语法格式中，参数 filename 为上传文件的临时目录和文件名，即$_FILES["filename"]["tmp_name"]；参数 destination 用于指定上传文件的新路径和名称。

（4）is_uploaded_file()函数

is_uploaded_file()函数判断指定的文件是不是通过 POST 上传的，如果是则返回 true。该函数语法格式如下：

```
bool is_uploaded_file(string filename)
```

上述语法格式中，参数 filename 必须指定类似于$\_FILES["filename"]["tmp_name"]的变量，才能判断指定的文件是不是上传文件。如果使用客户端的文件名$_FILES["filename"]["name"]则不能正常运行。

该函数用于防止潜在的攻击者对原来不能通过的脚本交互文件进行非法管理，这样可以确保恶意用户无法欺骗脚本去访问不允许访问的文件。

3．文件上传实例

下面完成一个简单的文件上传实例。创建接收上传文件的文件夹（uploads），在同一层目录下创建实现上传的程序文件（upload.php），文件上传如代码 8-1 所示。

代码 8-1   文件上传

```
<form action="" enctype="multipart/form-data" method="post" name="upform">
    图片上传:<input name="upimage" type="file"><br />
```

```php
<input type="submit" value="上传"><br />
</form>
<?php
header("Content-Type:text/html;charset=GB2312") ;
if(is_uploaded_file($_FILES['upimage']['tmp_name'])){        //判断是否为上传文件
$name =$_FILES["upimage"]["name"];                    //接收上传文件的文件名
$type = $_FILES["upimage"]["type"];                      //接收上传文件的 MIME 类型
$size = $_FILES["upimage"]["size"];                       //接收上传文件的大小
$tmp_name =$_FILES["upimage"]["tmp_name"]; //接收上传文件的临时目录和文件名
$error =$_FILES["upimage"]["error"];                      //接收上传文件的错误返回值
      /* 判断上传文件的类型, 只能上传 JPEG、GIF、PNG 格式文件*/
switch ($type) {
case 'image/jpeg' : $ok=1;  break;
case 'image/gif' : $ok=1;  break;
case 'image/png' : $ok=1;  break;
default: echo "不能上传其他格式文件! ";  break;
      }
/*如果上传文件的格式正确且上传成功, 则将文件从临时目录放入 uploads 文件夹*/
if($ok==1&&$error==0){
if(move_uploaded_file($tmp_name,'uploads/'.$name)){
echo "文件上传成功! ";
        }
else{
echo "文件上传失败! ";
        }
    }
}
?>
```

程序运行后，通过 HTML 文件域选择上传的文件，单击"上传"按钮，文件上传成功后会输出"文件上传成功！"字样，如图 8-1 所示。

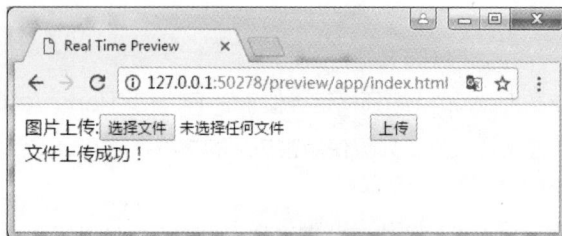

图 8-1　文件上传成功页面

8.3　任务实施

下面开始开发商品管理模块，主要实现添加商品、查看商品、删除商品和修改商品等功能。由于这部分页面相对比较复杂，前台显示代码较多，请读者在理解思路的前提下，耐心地把代码看明白。

子任务 8-1　添加商品

实现添加商品的功能需要创建两个页面：添加商品页面（addgoods.php）和保存添加商品页面（saveaddgoods.php）。添加商品页面负责收集商品信息，保存添加商品页面负责接收商品信息，并将信息添加到数据库商品表（lg_goods）。

登录网站后台管理系统后，单击"添加商品"超链接，弹出添加商品页面，如图 8-2 所示。

【微课视频】

图 8-2　添加商品页面

添加商品页面主要包含收集商品信息的各种表单元素。其中，商品类型的内容需要从商品类别表中取出，商品类型的下拉框通过 PHP 的 for 循环语句实现。添加商品页面如代码 8-2 所示。

代码 8-2　添加商品页面

```
<!DOCTYPE html>
<html lang="en">
<head>
<meta charset="gb2312">
<link href="css/index.css" rel="stylesheet" type="text/css" />
<title>Title</title>
</head>

<script language="javascript">
function sjyz(fom){
if(fom.name.value==''){
alert("请输入商品名称");
fom.name.select();
```

```
        return false;
        }
        if(fom.norms.value==''){
        alert("请输入商品编号");
        fom.sh.select();
        return false;
        }
        if(fom.size.value==''){
        alert("请输入规格");
        fom.zz.select();
        return false;
        }
        if(fom.installment.value==''){
        alert("请输入分期信息");
        fom.cbs.select();
        return false;
        }
        if(fom.goodsprice.value==''){
        alert("请输入商品价格");
        fom.goodsprice.select();
        return false;
        }
        if(fom.vipprice.value==''){
        alert("请输入折扣");
        fom.vipprice.select();
        return false;
        }
        if(fom.file.value==''){
        alert("请选择图片");
        fom.photo.select();
        return false;
        }
        if(fom.introduction.value==''){
        alert("请输入简介");
        fom.introduction.select();
        return false;
        }
        }

</script>
<body>
<div id="header">
<h1><img src="images/LeGo.png" width="130" height="80"/>乐 GO 后台管理界面</h1>
</div>
<div id="left">
<?php
include "left.php";
?>
</div>
<div id="right" >
<p style="background:#254B62; padding-left:10px; color:#FFF;">您当前的位置：商品
```

管理－>添加商品</p>

```php
    <form action="saveGoods.php" method="post" onsubmit="return sjyz(this)"
enctype="multipart/form-data">
    <table width="670" border="0" cellpadding="0" cellspacing="0">
    <tr>
    <td bgcolor="#666666"><table width="670" cellspacing="1">
    <tr>
    <td bgcolor="#FFFFFF"><div>商品名称:</div></td>
    <td bgcolor="#FFFFFF"><input name="name" type="text" id="name" /></td>
    </tr>
    <tr>
    <td bgcolor="#FFFFFF"><div>商品编号:</div></td>
    <td bgcolor="#FFFFFF"><input name="norms" type="text" id="norms" /></td>
    </tr>
    <tr>
    <td bgcolor="#FFFFFF"><div>商品类型:</div></td>
    <td bgcolor="#FFFFFF">
    <select name="type" style="margin-left:10px;">
    <?php
    session_start();
    if(!isset($_SESSION['sfdl'])){
    echo "<script>alert('请先登录');</script>";
    echo "<script>location.href='index.php';</script>";
    }else{
    include "include/lg_type.php"; //引入数据访问层代码

    $rs = findType(); //返回结果集
    for($i=0;$i<count($rs);$i++){ //循环输出字段值
    echo "<option value=".$rs[$i]['typeid'].">".$rs[$i]['typename']."</option>";
        }

    }
    ?>
    </select>
    </td>
    </tr>
    <tr>
    <td bgcolor="#FFFFFF"><div>规格:</div></td>
    <td bgcolor="#FFFFFF"><input name="size" type="text" id="size" /></td>
    </tr>
    <tr bgcolor="#FFFFFF">
    <td><div>分期:</div></td>
    <td><input name="installment" type="text" id="installment" /></td>
    </tr>
    <tr bgcolor="#FFFFFF">
    <td><div>出售时间:</div></td>
    <td>
    <select name="nian" style="margin-left:10px;">
    <?php for($i=2020;$i<=2050;$i++){?>
    <option><?php echo $i;?></option>
```

```
<?php }?>
</select>年
<select name="yue">
<?php for($i=1;$i<=12;$i++){?>
<option><?php echo $i;?></option>
<?php }?>
</select>月
<select name="ri">
<?php for($i=1;$i<=31;$i++){?>
<option><?php echo $i;?></option>
<?php }?>
</select>日
</td>
</tr>
<tr bgcolor="#FFFFFF">
<td><div>商品价格:</div></td>
<td><input name="goodsprice" type="text" id="goodsprice" />元</td>
</tr>
<tr bgcolor="#FFFFFF">
<td><div>折扣:</div></td>
<td><input name="vipprice" type="text" id="vipprice" />例如: 7.5</td>
</tr>
<tr bgcolor="#FFFFFF">
<td><div>商品图片:</div></td>
<td><input name="file" type="file" id="photo" /></td>
</tr>
<tr bgcolor="#FFFFFF">
<td><div>商品简介:</div></td>
<td><textarea name="introduction" cols="30" rows="5" style="margin-left:10px;" >
</textarea></td>
</tr>
<tr bgcolor="#FFFFFF">
<td><div>是否推荐:</div></td>
<td><input name="recommend" type="radio" value="1" checked="checked"/>是<input
name="recommend" type="radio" value="0" />否</td>
</tr>
<tr bgcolor="#FFFFFF">
<td><div>商品预售:</div></td>
<td><input name="newgoods" type="radio" value="1" checked="checked"/>是<input
name="newgoods" type="radio" value="0" />否</td>
</tr>
<tr style="text-align:center;"><td colspan="2" bgcolor="#FFFFFF";><input
type="submit" name="ok"  value="提 交" style="margin-right:10px;"/>
<input type="reset"  value="重 置"/></td>
</tr>
</table></td>
</tr>
</table>
</form>
```

```
</div>
<?php include "footer.php";?>
</body>
</html>
```

上述代码中涉及表单的大部分元素，读者通过本例应掌握表单中各元素如何传值。

保存添加商品页面，首先要接收添加商品页面传递过来的商品信息，在接收上传图片时需要将图片上传至服务器的指定文件夹中，在数据库中保存图片的路径。在接收完全部信息后，通过运行 insert 语句将商品信息插入数据库，具体如代码 8-3 所示。

代码 8-3　保存添加商品页面

```php
<?php
include_once "include/lg_type.php";
include_once "include/lg_goods.php";
$goodsid=$_GET['id'];
if(isset($_POST['ok'])){
$goodsname=$_POST['goodsname'];
$norms=$_POST['norms'];
$type=$_POST['type'];
$size=$_POST['size'];
$installment=$_POST['installment'];
$time=$_POST['nian']."-".$_POST['yue']."-".$_POST['ri'];
$goodsprice=$_POST['goodsprice'];
$vipprice=$_POST['vipprice'];
$myfile="file";
$introduction=$_POST['introduction'];
$recommend=$_POST['recommend'];
$newgoods=$_POST['newgoods'];
//根据类别名称查询本商品的类别号，将类别号和商品信息插入数据库

$types=findTypeByTypeName($type);
$xlb=$types['typeid'];
//上传新图片
if(is_uploaded_file($_FILES[$myfile]['tmp_name'])){
$tpname=$_FILES[$myfile]['name'];
$type=$_FILES[$myfile]['type'];
$tmp=$_FILES[$myfile]['tmp_name'];
$error=$_FILES[$myfile]['error'];
$photo="upimages/".$tpname;
switch($type){
case "image/pjpeg": $pdz=1; break;
case "image/jpeg": $pdz=1; break;
case "image/gif": $pdz=1; break;
case "image/png": $pdz=1; break;
default: echo "不能上传其他格式文件！";
    }
if($pdz==1 &&$error==0){
move_uploaded_file($tmp,$photo);
```

```
    }
  }else{
//如果没有上传新图片则用原来的图片
$tpres=findGoodsByGoodsId($goodsid);
$photo=$tpres['photo'];
  }
$xgtj=updateGoods($goodsid,$xlb,$norms,$goodsname,$size,$installment,$prodate,
$goodsprice,$vipprice,$photo,$introduction,$recommend,$newgoods);
  if($xgtj==1){
echo "<script>alert('修改成功');</script>";
echo "<script>location.href='showGoods.php';</script>";
  }else{
echo "<script>alert('修改失败');</script>";
echo "<script>location.href='showGoods.php';</script>";

  }
}
?>
```

子任务 8-2 查看商品

【微课视频】

单击"管理商品"超链接，弹出查看商品页面（show.php），如图 8-3 所示。在这里可以查看商品、修改商品和删除商品。

图 8-3 查看商品页面

在查看商品页面中可以查看所有商品的信息，程序的实现过程就是通过 select 语句将商品信息从数据库商品表中查找出来，显示在页面上。页面显示在这里采用了分页显示，具体代码如代码 8-4所示。

代码 8-4 查看商品页面

```
<!DOCTYPE html>
<html lang="en">
<head>
<meta charset="gb2312">
<link href="css/index.css" rel="stylesheet" type="text/css" />
<title>查看商品</title>
</head>
<body>
<div id="header">
<h1><img src="images/LeGo.png" width="130" height="80"/>乐 GO 后台管理界面</h1>
</div>
<div id="left">
<?php include "left.php";?>
</div>
<div id="right" >
<p style="background:#254B62; padding-left:10px; color:#FFF;">您当前的位置: 商品
管理－>查看商品</p>
<?php
include "include/lg_goods.php";//引入数据访问层方法
session_start();
if(!isset($_SESSION['sfdl'])){
echo "<script>alert('请先登录');</script>";
echo "<script>location.href='index.php';</script>";
}else{
$rs = findAllGood();//调用数据访问层方法
$hs=count($rs);//计算总记录数
if($hs==0){
echo "暂无商品";
  }else{
?>
<form action="delAllGoods.php" method="post" >
<span style="text-align:right; padding-right:10px;"></span>
<table width="670" border="0" cellpadding="0" cellspacing="0">
<tr>
<td bgcolor="#666666">
<table width="670" cellspacing="1" border="0px">
<tr>
<td width="33"  bgcolor="#FFFFFF"><div>复选</div></td>
<td width="99"  bgcolor="#FFFFFF"><div>商品名称</div></td>
<td width="61"  bgcolor="#FFFFFF"><div>规格</div></td>
<td width="115"  bgcolor="#FFFFFF"><div>分期</div></td>
<td width="59"  bgcolor="#FFFFFF"><div>价格</div></td>
<td width="77"  bgcolor="#FFFFFF"><div>是否推荐</div></td>
<td width="77"  bgcolor="#FFFFFF"><div>商品预售</div></td>
<td width="126"  bgcolor="#FFFFFF"><div>操作</div></td>
</tr>
<?php
$size=5;//定义每页显示的记录数
```

183

```php
$rs = findAllGood();//调用数据访问层方法
$hs=count($rs);//计算总记录数
if($hs==0){
echo "暂无商品";
}else{
$page_num=ceil($hs/$size);
if(@$_GET['page_id']){
$page_id=$_GET['page_id'];
$start=($page_id-1)*$size;
    }else{
$page_id=1;
$start=0;
    }
$rs = findGoodsLimit($start,$size);//调用数据访问层方法
foreach($rs as $key =>$value){//循环遍历数组，再根据数据库列名来输出数据
?>
<tr>
<td bgcolor="#FFFFFF" style="text-align:center;"><input type="checkbox"
name="<?php echo $value['goodsid'];?>" value="<?php echo $value['goodsname'];?>"
/></td>
    <td bgcolor="#FFFFFF"style="text-align:center;"><?php echo $value
['goodsname'];?></td>
    <td bgcolor="#FFFFFF"style="text-align:center;"><?php echo $value
['size'];?></td>
    <td bgcolor="#FFFFFF"style="text-align:center;"><?php echo $value
['installment'];?></td>
    <td bgcolor="#FFFFFF"style="text-align:center;"><?php echo $value
['goodsprice'];?></td>
    <td bgcolor="#FFFFFF"style="text-align:center;"><?php if($value
['recommend']==1){echo "是";}else{echo "否";}?></td>
    <td bgcolor="#FFFFFF"style="text-align:center;"><?php if($value
['newgoods']==1){echo "是";}else{echo "否";}?></td>
    <td bgcolor="#FFFFFF" style="text-align:center;"><a href=
"changeGoods.php?mid=<?php echo $value['goodsid'];?>">修改</a>
   <a href= "delGoods.php?id=<?php echo $value['goodsid'];?>">删除</a>
  </td>
  </tr>
  <?php
  }
  }
  ?>
  </table></td>
  </tr>
  <tr><td style="text-align:right; padding-right:10px; padding-top:10px;">
  <input type="submit" value="删除所选商品" class="buttoncss" style="float:left;
margin-right:80px;" />
  <?php
  echo "本站共有 ".$hs." 条记录 ";
  echo "每页显示 ".$size." 条 ";
  echo "第 ".$page_id." 页/共 ".$page_num." 页 ";
  if($page_id>=1 &&$page_num>1){
```

```
echo "<a href=?page_id=1>第一页  </a>";
}
if($page_id>1 &&$page_num>1){
echo "<a href=?page_id=".($page_id-1).">上一页  </a>";
}
if($page_id>=1 &&$page_num>$page_id){
echo "<a href=?page_id=".($page_id+1).">下一页  </a>";
}
if($page_id>=1 &&$page_num>1){
echo "<a href=?page_id=".$page_num.">尾页</a>";
}
?></td></tr>
</table>


<?php}}?>
<p style="text-align:right; margin-right:5px;">
</p>
</form>
</div>
<?php include "footer.php";?>
</body>
</html>
```

子任务 8-3　删除商品

在查看商品页面中，可以删除不需要的商品，删除商品分为删除一种商品和删除多种商品两种情况。

1. 删除一种商品

删除一种商品的实现过程为，单击查看商品页面的"删除"超链接（<a href= "delGoods.php?id=<?php echo $value['goodsid'];?>">删除</a>），此时将要删除的商品编号传给删除商品页面（delGoods.php），删除商品页面根据商品编号执行 delete 语句，具体如代码 8-5 所示。

代码 8-5　删除商品页面

```
//删除一种商品
<?php
include "include/lg_goods.php";//引入数据访问层代码
$id=$_GET['id'];//获取表单传过来的 id
$delete = deleteGoods($id);//调用数据访问层方法
if($delete==1){//返回 1 则表示删除商品成功
echo "<script>location.href='showGoods.php';</script>";
}else{
echo "<script>alert('删除商品失败！');</script>";
}
?>
```

2. 删除多种商品

删除多种商品首先应选中要删除商品左侧的复选框，单击"删除所选商品"按钮，完成删除操作。下面先来看一下与此相关的查看商品页面中的代码。

（1）提交表单

```
<form action="delAllGoods.php" method="post" >
```

表单提交到删除所有商品页面（delAllGoods.php）。

（2）复选框

```
<input type="checkbox" name="<?php echo $value['goodsid'];?>" value="<?php echo
$row['goodsname'];?>" />
```

上述代码中，复选框 name 属性值为商品编号，value 属性值为商品名称。

（3）"删除所选商品"按钮

```
<input type="submit" value="删除所选商品" class="buttoncss" style="float:left;
margin-right:80px;" />
```

"删除所选商品"按钮为提交按钮。

删除多种商品实现过程为，删除所有商品页面接收表单复选框的值，根据此值执行 delete 语句删除商品。由于存在多选的情况，复选框要传递多个值过来，所以需要使用 list()和 each()数组函数，通过循环的方式逐个提取传递过来的值。

```
//删除多个商品
<?php
include "include/lg_goods.php";//引入数据访问层代码
while(list($value,$name)=each($_POST)){
        deleteGoods($value);//调用数据访问层方法
}
echo "<script>location.href='showgoods.php';</script>";
?>
```

子任务 8-4　修改商品

单击查看商品页面中的"修改"超链接，进入修改商品页面（changeGoods.php），如图 8-4 所示。在此页面显示出原商品信息，用户可以只修改错误信息，不用将所有信息都重新填写。

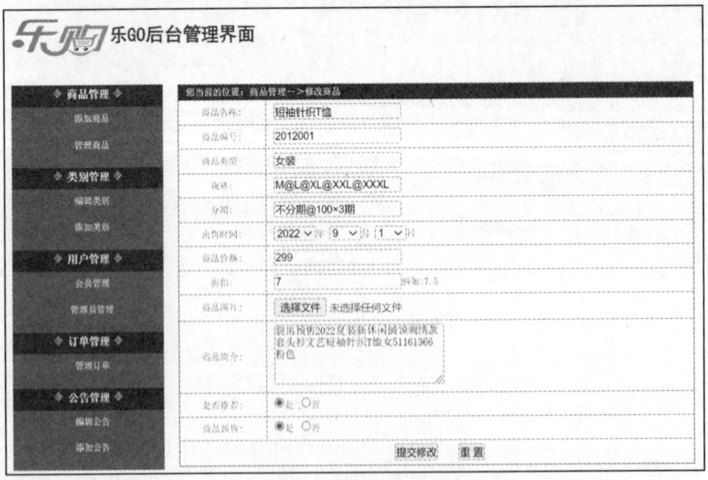

【微课视频】

图 8-4　修改商品页面

单击查看商品页面的"修改"超链接（<a href="changeGoods.php?mid=<?php echo $value['goodsid'];?>">修改</a>），此时将要修改的商品编号传给修改商品页面，修改商品页面根据接收的商品编号在页面显示出商品相关信息。修改商品页面如代码 8-6 所示。

代码 8-6　修改商品页面

```
<!DOCTYPE html>
<html lang="en">
<head>
<meta charset="gb2312">
<link href="css/index.css" rel="stylesheet" type="text/css" />
<title>修改商品</title>
</head>
<body>
<div id="header">
<h1><img src="images/LeGo.png" width="130" height="80" />乐 GO 后台管理界面</h1>
</div>
<div id="left">
<?php
include "left.php";
?>
</div>
<?php
session_start();
if(!isset($_SESSION['sfdl'])){
echo "<script>alert('请先登录');</script>";
echo "<script>location.href='index.php';</script>";
}else{
include_once "include/lg_goods.php";//引入数据访问层方法

$id=$_GET["mid"];

$goods = findGoodsByGoodsId($id); //调用数据访问层方法

?>
<div id="right" >
<p style="background:#254B62; padding-left:10px; color:#FFF;">您当前的位置: 商品
管理－>修改商品</p>

<form action="saveChangeGoods.php?id=<?php echo $_GET["mid"];?>" method="post"
enctype="multipart/form-data">
<table width="670" border="0" cellpadding="0" cellspacing="0">
<?php  //循环遍历数组，再根据数据库列名来输出数据?>
<tr>
<td  bgcolor="#666666">
<table width="670" cellspacing="1">
<tr>
<td  bgcolor="#FFFFFF"><div>商品名称:</div></td>
<td  bgcolor="#FFFFFF"><input name="goodsname" type="text" id="name" value=
"<?php echo $goods["goodsname"];?>" /></td>
</tr>
<tr>
```

```
    <td  bgcolor="#FFFFFF"><div>商品编号:</div></td>
    <td  bgcolor="#FFFFFF"><input name="norms" type="text" id="norms"  value=
"<?php echo $goods["norms"];?>"/></td>
  </tr>
  <tr>
  <td  bgcolor="#FFFFFF"><div>商品类型:</div></td>
  <td  bgcolor="#FFFFFF"><input type="text" name="type" value="<?php
            include_once "include/lg_type.php";//引入数据访问层方法
  $typeid=$goods["typeid"];   //根据表单传过来的name属性获取值
  $type = findTypeByTypeid($typeid);//调用数据访问层方法
  echo $type['typename'];
  ?>"/>
  </td>
  </tr>
  <tr>
  <td  bgcolor="#FFFFFF"><div>规格:</div></td>
    <td  bgcolor="#FFFFFF"><input name="size" type="text" id="size"  value="<?php
echo $goods["size"];?>"/></td>
  </tr>
  <tr  bgcolor="#FFFFFF">
  <td><div>分期:</div></td>
    <td><input name="installment" type="text" id="installment"  value="<?php echo
$goods["installment"];?>"/></td>
  </tr>
  <tr  bgcolor="#FFFFFF">
  <td><div>出售时间:</div></td>
  <td>
  <select name="nian" style="margin-left:10px;"><?php for($i=1995;$i<=2050;$i++)
echo "<option>".$i."</option>";?></select>年
  <select name="yue" ><?php for($i=1;$i<=12;$i++) echo "<option>".$i.
"</option>";?></select>月
  <select name="ri"><?php for($i=1;$i<=31;$i++) echo ".<option>".$i.
"</option>";?></select>日
  </td>
  </tr>
  <tr  bgcolor="#FFFFFF">
  <td><div>商品价格:</div></td>
    <td><input name="goodsprice" type="text" id="goodsprice"  value="<?php echo
$goods["goodsprice"];?>" /></td>
  </tr>
  <tr  bgcolor="#FFFFFF">
  <td><div>折扣:</div></td>
    <td><input name="vipprice" type="text" id="vipprice"  value="<?php echo
$goods["vipprice"];?>" />例如:7.5</td>
  </tr>
  <tr  bgcolor="#FFFFFF">
  <td><div>商品图片:</div></td>
  <td><input name="file" type="file" id="photo"/></td>
  </tr>
  <tr  bgcolor="#FFFFFF">
  <td><div>商品简介:</div></td>
```

```
    <td><textarea name="introduction" cols="30" rows="5" style="margin-left:10px;" >
<?php echo $goods["introduction"];?></textarea></td>
    </tr>
    <tr bgcolor="#FFFFFF">
    <td><div>是否推荐:</div></td>
    <td><input name="recommend" type="radio" value="1" checked="checked"/>是<input
name="recommend" type="radio" value="0" />否</td>
    </tr>
    <tr bgcolor="#FFFFFF">
    <td><div>商品预售:</div></td>
    <td><input name="newgoods" type="radio" value="1" checked="checked"/>是<input
name="newgoods" type="radio" value="0" />否</td>
    </tr>
    <tr style="text-align:center;"><td colspan="2" bgcolor="#FFFFFF";><input
type="submit" name="ok" value="提交修改" style="margin-right:10px;"/>
    <input type="reset" value="重 置"/></td>
    </tr>
    <?php

    }
    ?>
    </table>
    </td>
    </tr>
    </table>
    </form>
    </div>
    <?php include "footer.php";?>
    </body>
    </html>
```

当用户修改商品信息后,单击"提交修改"按钮,将新的商品信息提交给保存修改商品页面 (saveChangeGoods.php),保存修改商品页面通过运行 update 语句完成商品信息的修改。在这 个过程中,需要把要修改的商品编号传给保存商品修改页面,这里通过给表单 action 属性添加 URL 参数实现(action="saveChangeGoods.php?id=<?php echo $_GET["mid"];?>")。保存修改商 品页面如代码 8-7 所示。

代码 8-7 保存修改商品页面

```php
<?php
include_once "include/lg_type.php";
include_once "include/lg_goods.php";
$goodsid=$_GET['id'];
if(isset($_POST['ok'])){
$goodsname=$_POST['goodsname'];
$norms=$_POST['norms'];
$type=$_POST['type'];
$size=$_POST['size'];
$installment=$_POST['installment'];
$time=$_POST['nian']."-".$_POST['yue']."-".$_POST['ri'];
$goodsprice=$_POST['goodsprice'];
$vipprice=$_POST['vipprice'];
```

```
$myfile="file";
$introduction=$_POST['introduction'];
$recommend=$_POST['recommend'];
$newgoods=$_POST['newgoods'];
//根据类别名称查询出本商品的类别号，将类别号和商品信息插入数据库

$types=findTypeByTypeName($type);
$xlb=$types['typeid'];
//上传新图片
if(is_uploaded_file($_FILES[$myfile]['tmp_name'])){
$tpname=$_FILES[$myfile]['name'];
$type=$_FILES[$myfile]['type'];
$tmp=$_FILES[$myfile]['tmp_name'];
$error=$_FILES[$myfile]['error'];
$photo="upimages/".$tpname;
switch($type){
case "image/pjpeg": $pdz=1; break;
case "image/jpeg": $pdz=1; break;
case "image/gif": $pdz=1; break;
case "image/png": $pdz=1; break;
default: echo "不能上传其他格式文件！";
        }
if($pdz==1 &&$error==0){
move_uploaded_file($tmp,$photo);
        }
    }else{
//如果没有上传新图片，则用原来的图片
$tpres=findGoodsByGoodsId($goodsid);
$photo=$tpres['photo'];
    }
$xgtj=updateGoods($goodsid,$xlb,$norms,$goodsname,$size,$installment,$prodate,
$goodsprice,$vipprice,$photo,$introduction,$recommend,$newgoods);
if($xgtj==1){
echo "<script>alert('修改成功');</script>";
echo "<script>location.href='showGoods.php';</script>";
    }else{
echo "<script>alert('修改失败');</script>";
echo "<script>location.href='showGoods.php';</script>";

    }
}
?>
```

8.4 问题思考

文件上传过程中，为何要放到临时目录？为何要从临时目录再移动一次呢？

提示：请查看 PHP 手册。

8.5 技术拓展

【微课视频】

在前面文件上传的案例中，用到了几个文件操作函数，下面将系统地学习 PHP 中的文件系统函数。在 Web 开发中，文件、目录操作是非常有用的，可以在客户端通过访问 PHP 脚本程序，实现服务器端的目录生成以及文件创建、编辑、删除等操作。

8.5.1 文件操作

文件操作是通过 PHP 内置的文件系统函数完成的，对文件系统函数的学习按打开文件、操作（读取和写入）文件、关闭文件的思路来进行。

1. 打开文件

在 PHP 中使用 fopen()函数打开一个文件，其语法格式如下：

```
resource fopen(string filename,string mode[,bool include_path[,resource context]])
```

该函数返回一个指向这个文件的文件指针，其各参数含义如下。

◆ filename：用于指定打开文件的 URL，包括文件名，可以是绝对路径，也可以是相对路径。

◆ mode：用于指定打开文件的模式，主要有只读、只写、读写等模式，具体如表 8-2 所示。

表 8-2　fopen()的文件打开模式说明

模式	说明
r	只读模式打开，从文件头开始读
r+	读写模式打开，从文件头开始读写
w	写入模式打开，从文件头开始写。如果文件已经存在，则删除文件所有内容；如果文件不存在，则创建这个文件
w+	读写模式打开，从文件头开始读写。如果文件已经存在，则删除文件所有内容；如果文件不存在，则创建这个文件
a	写入模式打开，将文件指针指向文件末尾。如果文件已有内容，则从文件末尾开始追加，如果文件不存在，则创建这个文件
a+	读写模式打开，将文件指针指向文件末尾。如果文件已有内容，则从文件末尾开始追加，如果文件不存在，则创建这个文件
x	创建并以写入模式打开，将文件指针指向文件头。如果文件已存在，则 fopen()调用失败并返回 false，并生成一条 E_WARNING 级别的错误信息。仅用于本地文件
x+	创建并以读写模式打开，将文件指针指向文件头。如果文件已存在，则 fopen()调用失败并返回 false，并生成一条 E_WARNING 级别的错误信息。如果不存在，则尝试创建这个文件。仅用于本地文件
b	以二进制模式打开文件，用于与其他模式进行连接。如果文件系统能够区分二进制文件和文本文件，则可使用它。例如 Windows 系统能够区分，而 Linux 系统不能区分。这是默认模式
t	以文本模式打开文件，这是 Windows 系统下的一个选项，不推荐使用

◆ include_path：可选参数，决定是否在 php.ini 中 include_path 指定的目录中搜索 filename 文件，如果希望搜索，则将其值设为 1 或 true。

◆ context：可选参数，fopen()函数允许文件名称以协议名称开始，例如"http://"，并且可在一个远程位置打开文件。通过这个参数，还可以支持一些其他的协议。

【例8-1】通过fopen()函数以各种模式打开文件，如代码8-8所示。

代码8-8　通过fopen()函数以各种模式打开文件

```php
<?php
    $handle=fopen("./file.txt","r"); //以只读模式打开同一目录下的 file.txt 文件
    $handle=fopen("c:/images/bg.jpg","w+"); //以读写模式打开绝对路径下的文件
    $handle=fopen("../text/file.txt","wb"); //以二进制写入模式打开指定文件，并清空文件
    $handle=fopen("http://www.example.com/index.php", "r"); //以只读模式打开远程文件
?>
```

2. 读取文件

打开文件之后，就可以进行读取和写入操作了。文件的读取主要包括读取一个字符、读取一行字符、读取任意长度的字符串和读取整个文件。

（1）fgetc()函数

fgetc()函数用于从文件指针的位置读取一个字符，其函数语法格式如下：

```
string fgetc(resource handle)
```

上述语法格式中，参数handle用于指定打开的文件。函数遇到EOF（End of File，文件结束标志）则返回false。

【例8-2】打开文件逐字符输出文件的内容，如代码8-9所示。

代码8-9　逐字符输出文件内容

```php
<?php
    $handle=fopen("./file.txt","r");    //打开文件
    while(false!==($char=fgetc($handle))){    //读取一个字符，判断返回值是否为 false
        echo $char;    //输出字符
    }
    fclose($handle);    //关闭文件，释放资源
?>
```

（2）fgets()函数

fgets()函数用于从文件指针位置读取一行字符串，其函数语法格式如下：

```
string fgets(int handle[,int length])
```

上述语法格式中，参数handle用于指定打开的文件；参数length用于指定读取的数据长度。函数从handle指定的文件中读取一行并返回最大长度为length-1的字符串，在遇到换行符、EOF或者读取了length-1长度的字符后停止。如果忽略length参数，那么将读取到行结束。

【例8-3】打开文件逐行输出文件的内容，如代码8-10所示。

代码8-10　逐行输出文件的内容

```php
<?php
    $handle=fopen("./file.txt","rb");
    while(!feof($handle)){    // feof()函数判断文件指针是否到了文件结束的位置
        echo fgets($handle);    //输出当前行
    }
    fclose($handle);
?>
```

（3）fread()函数

fread()函数用于从文件中读取任意长度的数据，还可以读取二进制文件，其函数语法格式如下：

```
string fread(int handle,int length)
```

上述语法格式中，参数 handle 为指向的文件资源；参数 length 用于指定读取的长度。该函数在遇到 EOF 或读取 length 长度的字符后停止。

【例 8-4】应用 fread()函数读取指定长度的字符串，如代码 8-11 所示。

代码 8-11　读取指定长度的字符串

```php
<?php
    $handle=fopen("./file.txt","r");
    $contents="";          //声明保存文件全部内容的变量
    while(!feof($handle)){
        $contents.=fread($handle,1024);  //每次读取 1024 个字符
    }
    echo $contents;        //输出文件全部内容
    fclose($handle);
?>
```

（4）readfile()、file()和 file_get_contents()函数

① readfile()函数用于读取指定的整个文件，并将其写入输入缓冲区，同时返回读取的字节数。该函数不需要使用 fopen()函数打开文件。该函数语法格式如下：

```
int readfile(string filename[,bool include_path[,resource context]])
```

上述语法格式中，参数 filename 用于指定读取的文件；参数 include_path 用于控制是否支持在 include_path 中搜索文件。

② file()函数用于将整个文件内容读入一个数组中，数组中的每个元素都是文件中对应的一行。该函数执行成功后返回数组，否则返回 false。该函数语法格式如下：

```
array file(string filename[,int include_path[,resource context]])
```

③ file_get_contents()函数用于将文件内容读入一个字符串。将在参数 offset 所指定的位置开始读取长度为 maxlen 的内容，如果失败则返回 false。该函数语法格式如下：

```
string file_get_contents(string filename[,bool include_path[,resource
context[,int offset[,int maxlen]]]])
```

【例 8-5】应用 readfile()、file()和 file_get_contents()函数读取文件内容，如代码 8-12 所示。

代码 8-12　读取文件内容

```php
<?php
readfile("file.txt");       //直接读取文件内容并输出到浏览器
print_r(file("file.txt"));  //将文件内容读入数组并输出
echo file_get_contents("file.txt")  //将文件内容读入字符串并输出
?>
```

3. 写入文件

（1）fwrite()函数

fwrite()函数用于执行文件的写入操作，其语法格式如下：

```
int fwrite(resource handle,string string[,int length])
```

fwrite()函数用于把 string 内容写入文件指针 handle 处。如果设置 length，那么当写入 length 个字符后停止。该函数成功执行后会返回写入的字符数，否则返回 false。

【例 8-6】应用 fwrite()函数把字符串写入文件，如代码 8-13 所示。

代码 8-13　把字符串写入文件

```php
<?php
$str="一行字符串";
$handle=fopen("file.txt","w");
for($i=0;$i<10;$i++)
fwrite($handle,$str. "<br>");     //通过循环重复写入多行数据
fclose($handle);
readfile("file.txt");
?>
```

（2）file_put_contents()函数

file_put_contents()函数用于将一个字符串写入文件中。如果执行成功，则返回写入的字节数，否则返回 false。该函数语法格式如下：

```
int file_put_contents(string filename,string data[,int flags[,resource context]])
```

上述语法格式中，各参数含义如下。

◆ filename：指定写入的文件名。

◆ data：指定写入的数据。

◆ flags：实现对文件的锁定，可选值为 FILE_USE_INCLUDE_PATH、FILE_APPEND 和 LOCK_EX（独占锁定）。

◆ context：一个 context 资源。

需要注意的是，fwrite()函数虽然具有写入文件的功能，但是如果没有 fopen()和 fclose()函数的支持，它不能完成文件的写入。file_put_contents()函数则可以独立完成文件的写入操作。

【例 8-7】应用 file_put_contents()函数一次性将所有数据写入文件，如代码 8-14 所示。

代码 8-14　一次性将所有数据写入文件

```php
<?php
  $str="一行字符串";
    $content="";
    for($i=0;$i<10;$i++){
        $content.=$str;
    }
    file_put_contents("file.txt",$content);    //一次性写入所有数据
    re adfile("file.txt");
?>
```

file_put_contents()函数可以将数据直接写入文件中，但是如果多次调用，并向同一个文件写入数据，则文件只保存最后一次写入的数据。因为每次调用时都会重新打开这个文件并将文件中的原有数据清空，所以不能像代码 8-13 那样连续写入多行数据。

4．关闭文件

对文件操作结束后，应该关闭这个文件，因为打开的文件要占用系统资源，而且如果不关闭，也容易引起错误。

fclose()函数用于文件的关闭，其语法格式如下：

```
bool fclose(resource handle)
```

上述语法格式中，参数 handle 指向关闭的文件，如果执行成功则返回 ture，否则返回 false。

8.5.2　目录操作

使用 PHP 脚本可以方便地对目录进行操作，包括浏览目录、创建目录、删除目录等操作。

1. 浏览目录

如果要浏览目录，过程为打开目录（opendir()函数）、返回目录指针位置的文件名（readdir()函数）、列出目录（scandir()函数）、关闭目录（closedir()函数）。

（1）opendir()函数

opendir()函数用于打开指定目录，如果执行成功则返回可供其他函数使用的目录句柄，否则返回 false。该函数语法格式如下：

```
resource opendir(string path[,resource context])
```

上述语法格式中，path 表示要打开的目录路径；context 为可选参数，用于规定目录句柄的环境。

（2）readdir()函数

readdir()函数用于返回目录指针位置的一个文件名，文件名以在系统中的排序返回。该函数语法格式如下：

```
string readdir(resource dir_handle)
```

上述语法格式中，参数 dir_handle 为 opendir()打开的目录句柄。

（3）scandir()函数。

scandir()函数用于列出指定路径中的文件和目录，如果执行成功则返回包含目录和文件名的数组，否则返回 false。该函数语法格式如下：

```
array scandir(string directory[,int sorting_order[,resource context]])
```

上述语法格式中，参数 directory 用于指定要浏览的目录；sorting_order 用于设置排序顺序，默认为升序，如果应用此参数，则变为降序。

（4）closedir()函数。

打开目录之后，还需要关闭它，closedir()函数用于关闭指定的目录。该函数语法格式如下：

```
void closedir(resource dir_handle)
```

【例 8-8】应用目录函数实现目录的遍历，查看目录中的所有文件和文件夹，如代码 8-15 所示。

代码 8-15　目录的遍历

```php
<?php
    $path="c:/xampp/htdocs";
    $dir=scandir($path);      //遍历目录，将文件和文件夹信息放入数组中
    foreach($dir as $value){
     echo $value. "<br>";
    }
    echo "<hr>";
    $dir_handle=opendir($path);    //打开目录
    while($file=readdir($dir_handle)){    //逐个遍历目录中的文件和文件夹
```

```
        echo $path. "/".$file. "<br>";
    }
    closedir($dir_handle);  //关闭目录
?>
```

2. 创建、删除目录

（1）mkdir()函数

mkdir()函数用于新建一个目录，如果执行成功则返回 true，否则返回 false。该函数语法格式如下：

```
bool mkdir(string pathname[,int mode])
```

（2）rmdir()函数

要想删除目录，目录必须为空目录，而且要有操作权限。如果目录中有文件，需要使用 unlink() 函数将目录中的文件删除后，再删除目录。rmdir()函数的语法格式如下：

```
bool rmdir(string dirname)
```

（3）unlink()函数

unlink()函数用于删除指定文件，如果执行成功则返回 true，否则返回 false。该函数语法格式如下：

```
bool unlink(string filename)
```

【例 8-9】自定义递归函数删除整个目录，如代码 8-16 所示。

代码 8-16　删除整个目录

```php
<?php
function deldir($path){
if (file_exists($path)){   //判断目录是否存在
if($dir_hanle=opendir($path)){   //打开目录
while($filename=readdir($dir_hanle)){   //遍历目录
if ($filename!="."&&$filename!=".."){   //排除两个特殊目录
$fullpath=$path."/".$filename;
if(is_dir($fullpath))  deldir($fullpath);   //如果还是目录则递归调用删除子目录
if (is_file($fullpath)) unlink($fullpath);   //如果是文件则删除
}
        }
closedir($dir_hanle);   //关闭目录
rmdir($path);   //删除空目录
}
    }
}
deldir("d:/test")
?>
```

如想学习更多关于 PHP 文件和目录的操作函数，请参考 PHP 手册。

8.6 学习小结

为了让读者对乐 GO 商城项目有更全面的认识，本任务完成了乐 GO 商城后台商品管理模块的开发，主要包括商品的添加、查看、删除和修改等功能。在商品添加过程中，介绍了商品上传的方法。还介绍了 PHP 的文件操作函数，文件操作是 PHP 技术中的一项重要内容，在技术拓展部分对此进行了详细介绍。

8.7 课后练习

一、选择题

1. 判断文件是否上传应该用（　　　）。

    A. is_uploaded_file($_FILES['upimage']['name'])

    B. is_uploaded_file($_FILES['upimage']['type'])

    C. is_uploaded_file($_FILES['upimage']['tmp_name'])

    D. is_uploaded_file($_FILES['upimage']['size'])

2. PHP 上传商品图片到临时目录后移动到指定目录时，（　　　）命名方式是不合理的。

    A. move_uploaded_file($tmp_name,'uploads/'.$name)//$name 指客户端上传的文件名

    B. move_uploaded_file($tmp_name,'uploads/'.time().$name)指客户端上传的文件名

    C. move_uploaded_file($tmp_name,'uploads/'.$id.time().$name)//$id 指商品编号

    D. move_uploaded_file($tmp_name,'uploads/'.$id.$name)//$id 指商品编号

二、操作题

1. 在接收上传文件时，保存的文件名为原文件名，如果出现文件重名的情况文件就会被覆盖，请简述如何解决这个问题。

2. 完善商城后台管理模块，实现后台订单的管理，主要包括订单的添加、查询、修改和删除功能。

3. 完善商城后台管理模块，增加后台用户管理模块，实现用户的查看、禁用和删除功能。

任务九
Laravel框架重构乐GO商城

09

学习目标

➤ **职业能力目标**

1. 能使用Laravel框架的MVC模式进行登录功能开发。
2. 能配置Laravel框架下的数据库配置文件。
3. 通过使用Laravel框架，建立框架开发的思维和模式。
4. 通过项目案例，培养学生自学能力。

➤ **知识目标**

1. 了解框架的特征和优点。
2. 了解MVC模式。
3. 掌握Laravel框架的基本使用方法。

9.1 任务引导

学习完前面几个任务，相信读者已掌握了 PHP 开发的技能，可以自主开发各种 Web 网站应用系统。但是采用传统的开发方法，一方面，功能模块和模块之间的调用完全由开发人员自定义，没有章法可循，架构是否良好取决于开发人员的设计水平；另一方面，数据库的调用需要使用数据对象、建立连接等一系列的烦琐步骤，如何才能高效解决这些问题呢？

若想更简洁、高效地进行开发，是否可以制定一套规范，提供大部分基本功能，同时把业务逻辑和用户的输入/输出分离开来？事实上，成熟的框架正是这么做的。下面以乐 GO 商城的登录功能为例，看一下如何应用目前市场上使用最广泛的 PHP 框架之一 Laravel 进行开发。

9.2 知识准备

9.2.1 Laravel 框架

【微课视频】

软件框架可提供一些通用的基本功能，适用于各种场合，同时用户可以用自

己定义的代码替换这些功能，进而实现为应用定制的软件。框架定义了一整套开发和部署应用的规范，开发者只需要遵循这套标准即可实现大部分功能，无须从底层开始编写代码。

模型-视图-控制器（Model-View-Controller，MVC）是 Xerox PARC 在 20 世纪 80 年代为编程语言 Smalltalk-80 发明的一种软件设计模式，至今已经被广泛使用。最近几年被推荐为 Oracle 旗下 Sun 公司 Java EE 平台的设计模式，并且受到越来越多的使用 ColdFusion 和 PHP 的开发者的欢迎。MVC 模式是一个有用的工具箱，它有很多好处，但也有一些缺点。通常小项目不必用 MVC 实现。

MVC 模式使用模型、视图、控制器设计创建应用程序，它把应用分为 3 个互相交互的部分，用以分隔内部信息如何表示和信息如何接收，如图 9-1 所示。MVC 模式解耦软件主要部件，提高了可重用性，实现并行开发，耦合性低和重用性高体现了解决方案的核心。

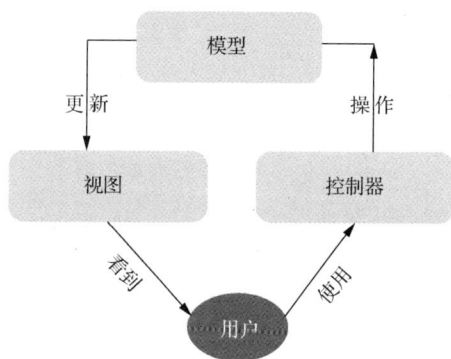

图 9-1 MVC 模式

1. 模型

模型（如数据库记录列表）是 MVC 模式的核心部件，它是应用程序中处理应用程序数据逻辑的部分，通常模型对象负责在数据库中存取数据，直接管理数据、逻辑和规则，与用户界面独立。

2. 视图

视图显示数据（数据库记录），它是应用程序中处理数据显示的部分，例如列表或图表等，通常视图是依据模型数据创建的。同样的数据可以用不同的视图呈现，而不会影响数据。

3. 控制器

控制器处理输入（写入数据库记录），它是应用程序中处理用户交互的部分，通常控制器负责从视图读取数据，控制用户输入，并向模型发送数据。控制器存在的目的是确保模型和视图的同步，一旦模型改变，视图应该同步更新。

分离 MVC 的好处如下。

① 利于大型项目，方便后期业务逻辑的扩展。

② 利于项目组成员，各个成员可分工合作。

Laravel 是由泰勒·奥特威尔（Taylor Otwell）开发的一款基于 PHP 语言的 Web 开源框架，采用了 MVC 架构模式，在 2011 年 6 月正式发布了首个版本。

由于 Laravel 框架具备 Rails 敏捷开发等优秀特质，深度集成 PHP 强大的扩展包（Composer）生态，并拥有 PHP 开发者这样广大的受众群，故 Laravel 框架在发布之后的短短几年内得到了极其迅猛的发展。在过去 10 多年中，Laravel 框架的增长速度在各类 PHP 框架中是最快的，这也从正面直接反映出了 Laravel 框架的强大，以及其未来非常可观的发展前景。下面以 Laravel 5.7 为例讲解。

9.2.2　Laravel 框架安装

在安装 Laravel 框架之前，请确保 Web 服务器中 PHP 配置满足以下要求。

◆ PHP 版本高于 7.1.3。

◆ 开启 OpenSSL PHP 扩展。

◆ 开启 PDO PHP 扩展。

◆ 开启 Mbstring PHP 扩展。

◆ 开启 Tokenizer PHP 扩展（PHP 4.4 以上版本已内置扩展）。

◆ 开启 XML PHP 扩展（PHP 5.0 以上版本已内置扩展）。

◆ 开启 Ctype PHP 扩展（PHP 5.0 以上版本已内置扩展）。

◆ 开启 JSON PHP 扩展（PHP 5.2 以上版本已内置扩展）。

如果 Web 服务器中 PHP 版本低于所需版本，则重新下载并安装高版本 PHP，其他要求若不符合，请在 php.ini 配置文件中开启相应扩展，具体配置如下：

```
extension=pdo_mysql
extension=openssl
extension=mbstring
```

1. 通过 Composer 工具安装 Laravel 框架

下载 Composer 工具，打开命令提示符窗口并依次执行命令安装最新版本的 Composer，命令如下：

```
php -r "copy('https://install.phpcomposer.com/installer', 'composer-setup.php');"
php composer-setup.php
php -r "unlink('composer-setup.php');"
```

上述 3 个命令的含义分别如下。

◆ 下载并安装脚本 composer-setup.php 到当前目录。

◆ 执行安装过程。

◆ 删除安装脚本。

Composer 工具安装好后，通过 Composer 终端工具，可采用以下两种方法安装 Laravel 框架。两种方法的安装步骤分别如下。

方法 1：通过命令提示符窗口安装 Laravel 安装器，再安装 Laravel 框架，命令如下所示。

```
composer global require laravel/installer
laravel new blog
```

方法 2：通过 create-project 直接安装 Laravel 框架，命令如下所示。

```
composer create-project -prefer-dist laravel/larevel blog 5.7.*
```

2. 直接下载安装包

根据自己的需求下载不同版本的 Laravel 一键安装包，然后解压到 Web 服务器根目录下即可。例如，把 Laravel 安装包放置到 xampp 的 htdocs 目录下，安装后效果如图 9-2 所示。如果安装包中没有 env 文件，则复制.env.example 并将名称改为.env。

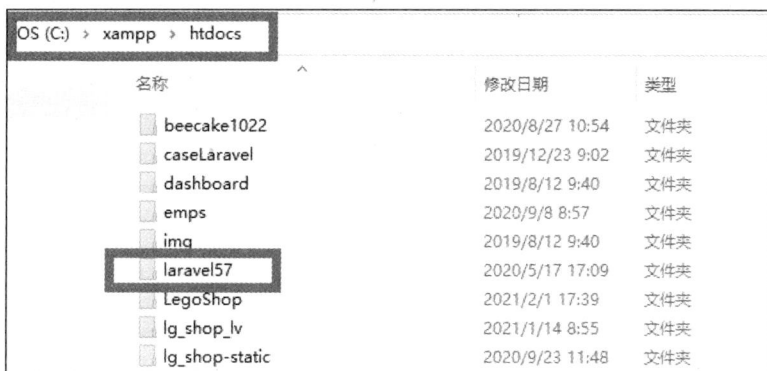

图 9-2　Laravel 安装包放到 htdocs 目录下

9.2.3　Laravel 框架目录结构

默认的 Laravel 框架旨在为不同大小的应用提供一个好的起点。当然，可以按照喜好管理应用的 Laravel 框架目录结构。Laravel 框架没有严格地限制任何给定的类的位置，只要它们能被 Composer 自动加载即可。图 9-3 所示为 Laravel 5.7 安装后的框架目录结构。

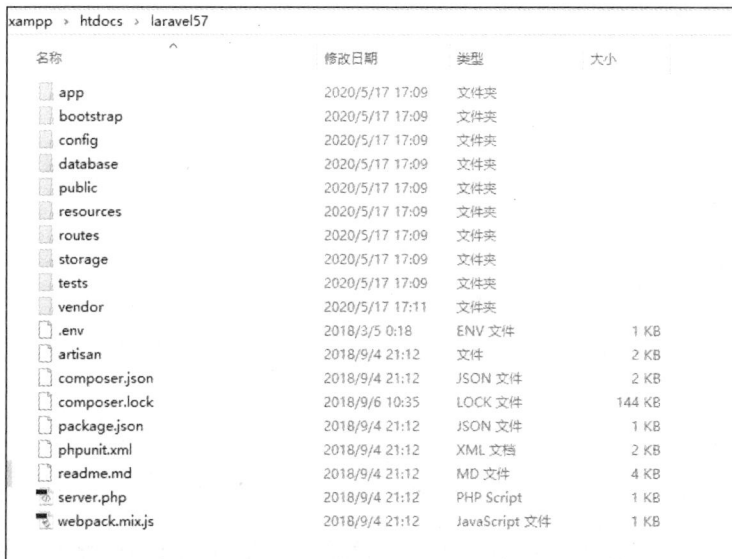

图 9-3　Laravel 5.7 的目录结构

◆　app 目录：包含应用程序的核心代码。应用中几乎所有的类都应该放在这里。稍后会更深入地讲解这个目录的细节。

◆ bootstrap 目录：包含启动框架的 app.php 文件。该目录还包含一个 cache 目录，cache 目录下存放着框架生成的用来提升性能的文件，例如路由和服务缓存文件。

◆ config 目录：包含应用程序所有的配置文件。建议通读这些文件，以便帮助熟悉所有可用的选项。

◆ database 目录：包含数据填充和迁移文件以及模型工厂类，可以把它作为 SQLite 数据库存放目录。

◆ public 目录：包含入口文件 index.php，它是进入应用程序的所有请求的入口点。此目录还包含一些资源文件，例如图片、JavaScript 文件和 CSS 文件。

◆ resources 目录：包含视图和未编译的资源文件，例如 LESS 文件、SAS 文件或 JavaScript 文件，此目录还包含所有的语言文件。

◆ routes 目录：包含应用的所有路由定义，Laravel 框架默认包含几个路由文件，包括 web.php、api.php、console.php 和 channels.php。其中，web.php 文件包含 RouteServiceProvider 放置在 Web 中间件组中的路由，它提供会话状态、CSRF（Cross-Site Request Forgery，跨站请求伪造）防护和 Cookie 加密，如果应用不提供无状态的、RESTful 风格的 API，则所有的路由都应该在 web.php 文件中定义。api.php 文件包含 RouteServiceProvider 放置在 API 中间件组中的路由，它提供了频率限制。这些路由都是无状态的，所以通过这些路由进入应用请求旨在通过令牌进行身份认证，并且不能访问会话状态。console.php 文件是定义所有基于控制台命令闭包函数的地方，每个闭包函数都被绑定到一个命令实例并且允许和命令行 I/O（Input/Output，输入/输出）方法进行简单的交互，尽管这些文件没有定义 HTTP 路由，但它们也将基于控制台的入口点（路由）定义到应用程序中。channels.php 用来注册应用支持的所有的事件广播渠道。

◆ storage 目录：包含编译后的 Blade 模板、Session 会话生成的文件、缓存文件和框架生成的其他文件。这个目录被细分成 app、framework 和 logs 这 3 个子目录。其中，app 目录可以用来存储应用生成的任何文件；framework 目录用来存储框架生成的文件和缓存文件；logs 目录包含应用的日志文件。storage/app/public 可以用来存储用户生成的文件，例如需要公开访问的用户头像。应该创建一个 public/storage 的软链接指向这个目录，可以直接通过 php artisan storage:link 命令来创建此链接。

◆ tests 目录：包含自动化测试文件，在 PHPUnit 有现成的范例可供参考。每个测试类都应该以 Test 作为后缀。可以使用 phpunit 或者 php vendor/bin/phpunit 命令来运行测试。

◆ vendor 目录：包含所有的 Composer 依赖包。

9.2.4　路由

【微课视频】

Laravel 框架的入口文件为 index.php，其他文件的访问由文件 routes/web.php 指定路由。

1. 基本路由

构建最基本的路由只需要一个 URI（Uniform Resource Identifier，统一资源标识符）与一个

闭包，这里提供了一个非常简单的定义路由的方法，具体代码如下：

```
Route::get('foo', function () {
    return 'Hello World';
});
```

2. 默认路由文件

所有的 Laravel 路由都在 routes 目录下的路由文件中定义，这些文件都由框架自动加载。routes/web.php 文件用于定义 Web 界面的路由，这里面的路由都会被分配给 Web 中间件组，它提供了会话状态和 CSRF 保护等功能。定义在 routes/api.php 中的路由都是无状态的，并且被分配给 API 中间件组。

大多数的应用构建都是从在 routes/web.php 文件中定义路由开始的。可以通过在浏览器中输入定义的路由 URL 来访问 routes/web.php 中定义的路由。例如，可以在浏览器中输入 http://your-app.dev/user 来访问以下路由：

```
Route::get('/user', 'UserController@index');
```

routes/api.php 文件中定义的路由通过 RouteServiceProvider 被嵌套到一个路由组里面。在这个路由组中，会自动添加 URL 前缀/API 到此文件中的每个路由，这样就无须手动添加了。可以在 RouteServiceProvider 类中修改此前缀以及其他路由组选项。

3. 可用的路由方法

路由器允许注册能响应任何 HTTP 请求的路由，示例代码如下：

```
Route::get($uri, $callback);
Route::post($uri, $callback);
Route::put($uri, $callback);
Route::patch($uri, $callback);
Route::delete($uri, $callback);
Route::options($uri, $callback);
```

有时候可能需要注册一个可响应多个 HTTP 请求的路由，这时可以使用 match()方法；也可以使用 any()方法注册一个可响应所有 HTTP 请求的路由，示例代码如下：

```
Route::match(['get', 'post'], '/', function () {
    //
});
Route::any('foo', function () {
    //
});
```

4. CSRF 保护

指向 Web 路由文件中定义的 POST、PUT 或 DELETE 路由的任何 HTML 表单都应该包含一个 CSRF 令牌字段，否则，这个表单的请求将会被拒绝，可以在 CSRF 文档中了解更多有关 CSRF 的信息。在表单中增加 CSRF 令牌的示例代码如下：

```
<form method="POST" action="/profile">
    @csrf
    ...
</form>
```

5. 重定向路由

如果要定义重定向到另一个 URI 的路由，可以使用 Route::redirect()方法。这个方法可以快速实现重定向，而无须定义完整的路由或者控制器，示例代码如下：

```
Route::redirect('/here', '/there', 301);
```

6. 视图路由

如果路由只需要返回一个视图，可以使用 Route::view()方法。它和 redirect()方法一样方便，无须定义完整的路由或控制器。view()方法有 3 个参数，其中前两个是必填参数，分别是 URI 和视图名称；第三个参数选填，可以传入一个数组，数组中的数据会被传递给视图。示例代码如下：

```
Route::view('/welcome', 'welcome');
Route::view('/welcome', 'welcome', ['name' => 'Taylor']);
```

7. 路由参数

有时需要在路由中捕获一些 URL 片段，这种路由参数为必选参数。例如，从 URL 中捕获用户的 id，可以通过定义此参数来执行操作，示例代码如下：

```
Route::get('user/{id}', function ($id) {
    return 'User '.$id;
});
```

也可以根据需要在路由中定义多个参数，示例代码如下：

```
Route::get('posts/{post}/comments/{comment}', function ($postId, $commentId) {
    //
});
```

路由参数通常会被放在{}内，并且参数名只能使用字母，同时路由参数不能包含"-"符号，如果需要可以用下划线"_"代替。路由参数会按顺序被依次注入路由回调或者控制器中，而不受路由回调或者控制器的参数名称的影响。

8. 可选参数

有时可能需要指定一个路由参数，且希望这个参数是可选的，这时可以通过在参数后面加上"?"来实现，但前提是确保路由的相应变量有默认值，示例代码如下：

```
Route::get('user/{name?}', function ($name = null) {
    return $name;
});

Route::get('user/{name?}', function ($name = 'John') {
    return $name;
});
```

9. 正则表达式约束

可以使用路由实例的 where()方法约束路由参数的格式。where()方法的第一个参数是路由参数名称，第二个参数是一个正则表达式，该正则表达式用来约束路由参数，示例代码如下：

```
Route::get('user/{name}', function ($name) {
})->where('name', '[A-Za-z]+');
Route::get('user/{id}', function ($id) {
})->where('id', '[0-9]+');
Route::get('user/{id}/{name}', function ($id, $name) {
})->where(['id' => '[0-9]+', 'name' => '[a-z]+']);
```

9.2.5 控制器

为了替代在路由文件中以闭包的形式定义所有的请求处理逻辑，可使用控制器类来组织行为。控制器能将相关的请求处理逻辑组成一个单独的类，控制器类存放在 App、Http、Controllers 目录下。

【微课视频】

1. 定义控制器

下面是一个基础控制器的例子，如代码 9-1 所示。需要注意的是，该控制器继承了一个 Laravel 框架内置的基础控制器类。该基础控制器类提供了一些便利的方法，例如 middleware()方法，该方法可以为控制器行为添加中间件。

代码 9-1 基础控制器

```php
<?php
namespace App\Http\Controllers;
use App\User;
use App\Http\Controllers\Controller;
class UserController extends Controller
{
    /**
     * 显示给定用户的概要文件
     *
     * @param  int $id
     * @return Response
     */
    public function show($id)
    {
        return view('user.profile', ['user' => User::findOrFail($id)]);
    }
}
```

同时可以定义指向上述控制器的路由，示例代码如下：

```
Route::get('user/{id}', 'UserController@show');
```

当一个请求与指定的路由 URI 相匹配时，UserController 的 show()方法就会被执行。当然，路由参数也将被传递给该方法。

2. 控制器命名空间

在定义控制器路由时不需要指定完整的控制器命名空间。因为 RouteServiceProvider 会在一个包含命名空间的路由器组中加载路由文件，所以指定类名中 App\Http\Controllers 命名空间之后的部分就可以了。

如果选择将控制器放置在 App\Http\Controllers 目录下更深层次的目录中，则要使用将 App\Http\Controllers 作为根命名空间的指定类名。例如，完整的控制器类名为 App\Http\Controllers\Photos\AdminController，在路由中应采用的控制器代码如下：

```
Route::get('foo', 'Photos\AdminController@method');
```

3. 控制器中间件

middleware()可以在路由文件中被分配给控制器路由，示例代码如下：

```
Route::get('profile', 'UserController@show')->middleware('auth');
```

但是，在控制器的构造函数中指定中间件会更方便。使用控制器构造函数中的 middleware() 方法，可以很容易地将中间件分配给控制器，甚至可以约束中间件只对控制器类中的某些特定方法生效，如代码 9-2 所示。

代码 9-2　在控制器中使用中间件

```php
class UserController extends Controller
{
    /**
     * 实例化一个控制器
     *
     * @return void
     */
    public function __construct()
    {
        $this->middleware('auth');

        $this->middleware('log')->only('index');

        $this->middleware('subscribed')->except('store');
    }
}
```

9.2.6　视图

1. 创建视图

视图包含应用程序的 HTML 代码，并且将控制器/应用程序逻辑与演示逻辑分开。视图文件存放于 resources/views 目录下。下面介绍一个简单的视图，示例代码如下：

```html
<!-- 此视图文件位置: resources/views/greeting.blade.php -->

<html>
<body>
<h1>Hello, {{ $name }}</h1>
</body>
</html>
```

该视图文件位于 resources/views/greeting.blade.php，可以使用全局辅助函数 view()来返回，代码如下：

```php
Route::get('/', function () {
    return view('greeting', ['name' => 'James']);
});
```

上述代码中，传入 view()函数的第一个参数对应 resources/views 目录中视图文件的名称，第二个参数表示可在视图文件中使用数组。在示例中，传递了 name 变量，该变量可以使用 Blade 模板语言在视图中显示。

视图文件也可以嵌套在 resources/views 目录的子目录中。"."符号可以用来引用嵌套视图。如果视图存储在 resources/views/admin/profile.blade.php，则引用该视图的代码如下：

```php
return view('admin.profile', $data);
```

2．判断视图文件是否存在

如果需要判断视图文件是否存在，可以使用 View Facade 的 exists()方法。如果视图文件存在，该方法会返回 true，示例代码如下：

```
use Illuminate\Support\Facades\View;

if (View::exists('emails.customer')) {
    //
}
```

3．创建第一个可用视图

使用 first()方法可以创建存在于给定视图数组中的第一个视图。如果应用程序或开发的第三方包允许定制或覆盖视图，这个方法非常有用，示例代码如下：

```
return view()->first(['custom.admin', 'admin'], $data);
```

当然，也可以通过 View Facade 调用这个方法，示例代码如下：

```
use Illuminate\Support\Facades\View;
return View::first(['custom.admin', 'admin'], $data);
```

4．向视图传递数据

可以使用数组将数据传递到视图，示例代码如下：

```
return view('greetings', ['name' => 'Victoria']);
```

当用这种方式传递数据时，作为第二个参数的数据必须是键值对数组。在视图文件中，可以通过键获取相应的值，例如<?php echo $key;?>。作为将完整数据传递给辅助函数 view()的替代方法，可以使用 with()方法将单个数据片段添加到视图，示例代码如下：

```
return view('greeting')->with('name', 'Victoria');
```

5．与所有视图共享数据

如果需要共享一段数据给应用程序的所有视图，可以在服务提供器的 boot()方法中调用 View Facade 的 share()方法。例如，可以将 share()方法添加到 AppServiceProvider 或者为它们生成一个单独的服务提供器。共享数据如代码 9-3 所示。

代码 9-3　共享数据

```php
<?php

namespace App\Providers;

use Illuminate\Support\Facades\View;

class AppServiceProvider extends ServiceProvider
{
    /**
     * 引导任何应用程序服务
     *
     * @return void
     */
    public function boot()
    {
        View::share('key', 'value');
    }
```

```
    /**
     * 注册服务提供商
     *
     * @return void
     */
    public function register()
    {
        //
    }
}
```

9.2.7　模型

Laravel 框架支持多种数据库，包括 MySQL、PostgreSQL、SQLite 和 SQL
Server。在 Laravel 框架中连接数据库和查询数据库都非常简单，可以使用多种方
式与数据库进行交互，包括原生 SQL 语句、查询构建器和 Eloquent ORM。下面
将演示如何使用 DB 门面类在 Laravel 框架应用中对数据库进行增删改查操作。

【微课视频】

1．连接数据库

Laravel 框架中数据库配置文件为 config/database.php，打开该文件，默认内容一般不用更
改，因为该文件主要读取根目录下.env 中数据库的配置。以乐 GO 商城数据库为例，.env 中数据
库的配置如下：

```
DB_CONNECTION=MySQL
DB_HOST=127.0.0.1
DB_PORT=3306
DB_DATABASE=lg_shop
DB_USERNAME=root
DB_PASSWORD=
```

2．使用 DB 门面类进行增删改查操作

在控制器中使用 DB 类，必须添加如下引用：

```
use Illuminate\Support\Facades\DB;
```

查询所有数据，示例代码如下：

```
$data = DB::table('lg_user')->get();
```

查询所有数据并指定字段，示例代码如下：

```
$data = DB::table('lg_user')->get(['name','age']);
```

查询单条数据，示例代码如下：

```
$ret = DB::table('lg_user')->where('id', 5)->first();
```

获取一列数据，示例代码如下：

```
$ret = DB::table('lg_user')->pluck('name');
```

插入操作主要使用以下两个函数。

◆　insert()：可以同时添加一条或多条数据，返回值是布尔类型的。

◆　insertGetId()：只能添加一条数据，返回自增的 id。

添加多条记录的示例代码如下：

```
$ret = DB::table('lg_user')->insert([
['username'=>'AAAA','password'=>'123456'],
['username'=>BBBB,'password'=>'123456'],
]);
```

修改操作的示例代码如下：

```
$ret = DB::table(lg_user)->where('userid', 2)->update([
'username' => '修改一下',
'password'  =>'1233456'
]);
```

删除数据的示例代码如下：

```
$ret = DB::table(lg_user)->where('userid',2)->delete();
```

9.2.8　中间件

中间件为过滤进入应用程序的 HTTP 请求提供了一种方便的机制。例如，Laravel 框架内置了一个中间件来验证用户的身份。如果用户没有通过身份认证，中间件会将用户重定向到登录页面。但是，如果用户通过身份认证，中间件将允许请求进一步进入应用。

【微课视频】

当然，除了身份验证中间件外，还可以编写其他的中间件来执行各种任务。例如，CORS（Cross-Origin Resource Sharing，跨域资源共享）中间件可以负责为所有离开应用的响应添加合适的头部信息；日志中间件可以记录所有传入应用的请求。

Laravel 框架自带了一些中间件，包括身份验证、CSRF 保护等，所有这些中间件都位于 app/Http/Middleware 目录。

1. 创建中间件

通过运行 artisan make:middleware 命令来创建新的中间件：

```
php artisan make:middleware CheckAge
```

该命令会在 app/Http/Middleware 目录下创建一个新的 CheckAge 中间件。

2. 实现中间件功能

在 CheckAge 中间件中，仅允许 age 大于 200 的请求对相应路由进行访问，否则将重定向到 home。自定义 CheckAge 中间件如代码 9-4 所示。

代码 9-4　自定义 CheckAge 中间件

```php
<?php

namespace App\Http\Middleware;

use Closure;

class CheckAge
{
    /**
     * 处理传入的请求
```

```
 *
 * @param \Illuminate\Http\Request $request
 * @param \Closure $next
 * @return mixed
 */
public function handle($request, Closure $next)
{
    if ($request->age <= 200) {
        return redirect('home');
    }

    return $next($request);
}
}
```

假如给定的 age 小于或等于 200，这个中间件将返回一个 HTTP 重定向到客户端，否则请求将进一步传递到应用中。要想让请求继续传递到应用程序中（即允许通过中间件验证），只需使用 $request 作为参数去调用回调函数$next()。

可以将中间件理解为 HTTP 请求必须经过的一系列"层"，只有经过这些"层"，才能进入应用。每一层都会检查 HTTP 请求是否符合当前"层"设置的条件，如果不符合，可以拒绝该请求继续进入应用。

9.3 任务实施

下面使用 Laravel 框架实现后台登录功能和后台商品展示。打开根目录下.env 文件，数据库访问配置如下。

```
DB_CONNECTION=MySQL
DB_HOST=127.0.0.1
DB_PORT=3306
DB_DATABASE=lg_shop
DB_USERNAME=root
DB_PASSWORD=
```

为了完成项目后台登录和后台商品展示的任务，需要进行页面路由配置，分组路由前缀为 admin，命名空间路由为 Admin。打开 routes 下的 web.php 文件，在该文件中路由配置代码如下：

```
Route::group(["prefix"=>"admin","namespace"=>"Admin"],function(){
        Route::get("login",function(){
                return view("admin/login");
        });
        Route::any("/checkLogin","UserController@login");
Route::get("showGoods","GoodsController@show");
```

子任务 9-1　后台登录功能

在框架的/views/下新建目录 admin，在/views/admin 下新建文件 login.blade.php，完成静态

页面的设计，然后把相关的 login.css 文件放到框架目录/public/css 下，如代码 9-5 所示。需要注意的是，表单中 action 属性值为"admin/checkLogin"，需要填写相对路由名称。

代码 9-5　login.blade.php

```
<!DOCTYPE html>
<html lang="en">
<head>
<meta http-equiv="Content-Type" content="text/html; charset=utf-8" />
<title>登录页面</title>
<link rel="stylesheet" type="text/css" href="css/login.css"/>
</head>
<body>
<div id="logo">
<h1><img src="images/leGo.gif" width="115" height="52" />乐 GO 商城，gogogo! </h1>
<h1 id="h"> 后台管理员登录</h1>
<form action="checkLogin" method="post">
@csrf
<p>用户名:
<input name="username" type="text" id="username" />
</p>
<p>
    密   码:
<input name="password" type="password" id="password" />
</p>
<input name="ok"  type="submit" style="background:url(images/login_btn2.gif);
width:99px ; height:36px; margin-left:30px;" value="登录" id="ok" />
<input name=""  type="reset" style="background:url(images/login_btn3.gif)  ;
width:99px ; height:36px; margin-left:30px; " value="重置" />
</form>
</div>
</body>
</html>
```

在框架的 app/Http/Controllers 目录下新建子目录 Admin，在 app/Http/Controllers/Admim 下新建文件 UserController.php，如代码 9-6 所示。

代码 9-6　UserController. php

```php
<?php
namespace App\Http\Controllers\Admin;
use App\User; //使用模型
use App\Http\Controllers\Controller;
use Illuminate\Http\Request;//请求时需要使用
use Illuminate\Support\Facades\DB;//使用 DB 类时需要使用
use App\Models\Lg_user;

class UserController extends Controller
{
        function login(Request $request){
                $username = $request->post("username");
                $pwd = md5($request->post("password"));//来自表单
        //第一种方法: 这里通过数据库 DB 类获取用户
```

```
                    /*$user = DB::table('lg_admin')->where('name','=',$username)
                                ->where('password','=',$pwd)
                                            ->first();//查询第一行 */


        //第二种方法: 这里通过模型类 Lg_admin 获取用户
            $user = Lg_admin::select()->where('name','=',$username)
                            ->where('password','=',$pwd)
                                        ->first();

            if($user){//
                    session()->put(["username"=>$user->username]);
                    return redirect(url("admin/showGoods"));
            }
            else{
                    return redirect(url("login"));//跳转到登录页面
            }
        }
    }
?>
```

可以采用两种方法获取数据库用户信息，第一种是通过数据库 DB 类获取用户；第二种是通过模型类 Lg_admin 获取用户，使用这种方法时要在 App\Models\admin 目录下新建模型类 Lg_admin.php，如代码 9-7 所示。

代码 9-7　Lg_admin.php

```
<?php
namespace App\Models\Admin;
use Illuminate\Database\Eloquent\Model;//使用这个类
class Lg_admin extends Model{

        protected $table='lg_admin';
        //protected $primaryKey = 'id';//如果主键不是 id, 则需要指定主键
        public $timestamps = false;//为了不操作更新时间或者保存时间
}
?>
```

用户登录成功后跳转到后台查看商品，登录失败则返回登录页面。

子任务 9-2　判断合法用户中间件

网站上有些页面不登录就可以查看和操作，有些页面必须登录后才能查看和操作，而后台管理中所有的页面必须登录后才能查看和操作，为此需为每个后台页面编写判断是不是合法登录用户的代码，这些代码几乎是相同的，可以使用中间件统一实现。下面实现判断合法用户中间件。

在 app/Http/Middleware 目录下，新建 CheckLogin.php 中间件文件，在该文件中编写 CheckLogin 类，类中编写 handle()方法，实现登录与否判断，如代码 9-8 所示。

代码 9-8　CheckLogin.php

```php
<?php
namespace App\Http\Middleware;
use Closure;
class CheckLogin
{
    /**
     * 处理传入的请求
     *
     * @param  \Illuminate\Http\Request  $request
     * @param  \Closure $next
     * @return mixed
     */
    public function handle($request, Closure $next)
    {
                //自己补充逻辑
                if(session()->has("username")){ //$_Session["username"]
                        return $next($request);
                                            //存在 session['user']则继续下个请求
                }
                else{
                        header("location:".url("login"));//否则跳转到登录页面
                        exit();
                }
        return $next($request);
    }
}
?>
```

　　写好的判断合法用户中间件在 app/Http/Kernel.php 中进行注册，这里注册名称为 checklogin 的路由中间件，因此在 Kernel 类的属性$routeMiddleware 中添加一条中间件注册代码 'checklogin'=>\App\Http\Middleware\checklogin::class，具体如代码 9-9 所示。

代码 9-9　Kernel.php 添加中间件注册代码

```php
protected $routeMiddleware = [
        'auth' -> \App\Http\Middleware\Authenticate::class,
        'auth.basic' => \Illuminate\Auth\Middleware\
AuthenticateWithBasicAuth::class,
        'bindings' => \Illuminate\Routing\Middleware\SubstituteBindings::class,
        'cache.headers' => \Illuminate\Http\Middleware\SetCacheHeaders::class,
        'can' => \Illuminate\Auth\Middleware\Authorize::class,
        'guest' => \App\Http\Middleware\RedirectIfAuthenticated::class,
        'signed' => \Illuminate\Routing\Middleware\ValidateSignature::class,
        'checklogin' => \App\Http\Middleware\checklogin::class,
        'throttle' => \Illuminate\Routing\Middleware\ThrottleRequests::class,
        'verified' => \Illuminate\Auth\Middleware\EnsureEmailIsVerified::class,
];
```

该中间件会在接下来的后台查看商品功能页面中使用。

子任务 9-3　后台查看商品

下面实现后台查看商品功能。在路由文件中添加 admin/showGoods 路由。在框架路径 resource/views/admin 下添加文件 showGoods.blade.php，并设计好页面。设计的页面如图 9-4 所示。

图 9-4　后台查看商品页面

在 app/Http/Controllers/Admin 目录下，添加控制器文件 GoodsController.php，在该控制器文件中添加 show()方法，实现商品数据获取和将商品数据传递到对应视图中；添加构造函数，通过调用 checklogin 中间件判断访问商品展示页面的是不是合法登录用户，过滤掉非法用户。GoodsController.php 如代码 9-10 所示。

代码 9-10　GoodsController.php

```php
<?php
namespace App\Http\Controllers\Admin;
use App\User;
use App\Http\Controllers\Controller;
use Illuminate\Http\Request;
use Illuminate\Support\Facades\DB;//使用 DB 类时需要使用

class GoodsController extends Controller{

        function _construct(){
                $this->middleware("checklogin");
```

```
                                              //这里调用中间件或者直接在路由中调用
        }
    function show(){

            //传递数组:访问数据库
            $goods_arrs = DB::table('lg_goods')
        ->select('goodsid','goodsname','size','goodsprice')
                                            ->get()//查询第一行
                                            ->map(function ($value) {
                                            return (array)$value;
                                            })
                                            ->toArray();

            return view("admin/showGoods",["goodss"=>$goods_arrs,
'username'=>session()->get("username")]);
        }
    }
    ?>
```

需要注意的是，在使用 DB 类时需要使用 use Illuminate\Support\Facades\DB;。

在框架路径 resource/views/admin/showGoods.blade.php 文件中，使用模板语言@foreach，把控制器中传递过来的 goodss 数组循环展现在页面中，使用模板语言@if 实现"奇偶行斑马线"功能，如代码 9-11 所示。

代码 9-11 showGoods.blade.php

```
<table width="670" border="0" cellpadding="0" cellspacing="0">
<tr>
<td bgcolor="#666666">
<table width="670" cellspacing="1" border="0px">
<tr>
<td width="33"  bgcolor="#FFFFFF"><div>复选</div></td>
<td width="99"  bgcolor="#FFFFFF"><div>商品名称</div></td>
<td width="99" bgcolor="#FFFFFF"><div>规格</div></td>
<td width="59"  bgcolor="#FFFFFF"><div>价格</div></td>
<td width="126"  bgcolor="#FFFFFF"><div>操作</div></td>
</tr>
@foreach($goodss as $key=>$goods)
@if($key%2==0)
<tr>
<td bgcolor="#FFffFF" style="text-align:center;"><input type="checkbox"
name="5" value="{{$goods["goodsid"]}}"/></td>
<td bgcolor="#FFFFFF"style="text-align:center;">{{$goods["goodsname"]}}</td>
<td bgcolor="#FFFFFF"style="text-align:center;">{{$goods["goodsprice"]}}</td>
<td bgcolor="#FFFFFF" style="text-align:center;"><a href="changeGoods.php?
mid=5">修改</a>
   <a href= "{{url('admin/deletegoods',['id'=>$goods['goodsid']])}}">删除
</a>
</td>
</tr>
@else
```

```
<tr>
<td  bgcolor="#FF00FF" style="text-align:center;"><input type="checkbox"
name="5" value="{{$goods["goodsid"]}}" /></td>
<td  bgcolor="#FF00FF"style="text-align:center;">{{$goods["goodsname"]}}</td>
<td bgcolor="#FFFFFF"style="text-align:center;"><div>{{$goods['size']}}
</div></td>
<td bgcolor="#FF00FF"style="text-align:center;">{{$goods["goodsprice"]}}</td>
<td bgcolor="#FF00FF" style="text-align:center;"><a href="changeGoods.php?
mid=5">修改</a>
 <a href= "{{url('admin/deletegoods',['id'=>$goods['goodsid']])}}">删除</a>
</td>
</tr>
@endif
@endforeach
</table>
```

9.4 问题思考

问题思考 1：使用 Laravel 框架的 MVC 模式开发带来了什么样的改变？

提示：对比前面任务的用户登录模块的代码。

问题思考 2：什么情况下需要用户自己定义模型类 Model？

提示：例如，进行数据库操作时，为数据表建立自定义模型类。

9.5 技术拓展

在现实世界中使用任何工具时，如果理解了该工具的工作原理，那么用起来就会得心应手，
Laravel 框架开发也是如此。

本节将从更高层面阐述 Laravel 框架的工作原理。通过更全面地了解该框架，一切都将不再那
么神秘。下面将简单介绍 Laravel 请求的生命周期。

9.5.1 生命周期概览

1. 创建服务器实例

Laravel 框架应用的所有请求入口都是 public/index.php 文件，所有请求都会被 Web 服务器
（Apache/Nginx）导向这个文件。index.php 文件包含的代码并不多，但是这里是加载框架其他部
分的起点。

index.php 文件载入 Composer 生成的自动加载设置，然后从 bootstrap/app.php 脚本获取

Laravel 框架应用实例，Laravel 框架的第一个动作就是创建服务器实例。

2. HTTP/Console 内核

接下来，请求被发送到 HTTP 内核或 Console 内核（分别用于处理 Web 请求和 artisan 命令），这取决于进入应用的请求类型。这两个内核是所有请求都要经过的中央处理器，下面将介绍位于 app/Http/Kernel.php 的 HTTP 内核。

HTTP 内核继承自 Illuminate\Foundation\Http\Kernel 类，该类定义了一个 bootstrappers 数组，这个数组中的类在请求被执行前运行，bootstrappers 数组配置了错误处理、日志、检测应用环境和其他在请求被处理前需要执行的任务。

HTTP 内核还定义了一系列所有请求在处理前需要经过的 HTTP 中间件，这些中间件处理 HTTP 会话的读写、判断应用是否处于维护模式、验证 CSRF 令牌等。

HTTP 内核的 handle() 方法签名相当简单：获取一个请求，返回一个响应，可以把该内核想象成一个代表整个应用的大黑盒子，输入 HTTP 请求，返回 HTTP 响应。

3. 服务提供者

内核启动过程中最重要的动作之一就是为应用载入服务提供者，应用的所有服务提供者都被配置在 config/app.php 配置文件的 providers 数组中。首先，所有提供者的 register() 方法被调用，然后所有提供者被注册后，boot() 方法被调用。

服务提供者负责启动框架的所有组件，例如数据库、队列、验证器和路由组件等，正是因为服务提供者启动并配置了框架提供的所有特性，所以它是整个 Laravel 框架启动过程中最重要的部分。

4. 分发请求

一旦应用被启动并且所有的服务提供者被注册，请求将会被交给路由器进行分发，路由器将会分发请求到路由或控制器，同时运行所有路由指定的中间件。

9.5.2　聚焦服务提供者

服务提供者是启动 Laravel 框架应用中最关键的部分，应用实例被创建后，服务提供者被注册，请求被交给启动后的应用进行处理，整个过程就是这么简单。

掌握 Laravel 框架应用如何通过服务提供者构建和启动非常有用，当然，应用默认的服务提供者存放在 app/Providers 目录下。

默认情况下，AppServiceProvider 是空的，这里是添加自定义启动和服务器绑定的最佳位置。当然，对于大型应用，可能希望创建多个服务提供者，每一个服务提供者都会有更细粒度的启动。

9.6　学习小结

采用 MVC 开发模式可实现程序逻辑与前台显示页面的分离，方便 PHP 程序员专注于实现程序逻辑，而 UI 制作人员专注于用户界面的实现，可以进行同步分组开发而不会互相影响。本任务介绍了 MVC 开发模式中常用的 Laravel 框架，利用 Laravel 框架重构了乐 GO 商城后台登录功能和后台查看商品功能，同时利用框架的中间件技术实现了用户合法性判断。

9.7　课后练习

一、简答题

Laravel 框架是如何实现数据库增删改查操作的？

二、操作题

1. 使用 Laravel 框架实现乐 GO 商城的注册功能。
2. 使用 Laravel 框架实现乐 GO 商城的首页展示功能。

任务十
PHP接口开发

10

学习目标

> **职业能力目标**

1. 能编写后台服务器接口供App或前端调用。
2. 能在前端调用后台服务器接口。
3. 能以在前端调用后台服务器接口的方式实现信息查询。
4. 通过项目案例，培养学生分析问题、解决问题的能力。

> **知识目标**

1. 熟悉JSON。
2. 掌握PHP中处理JSON的方法。
3. 实现服务器端JSON接口。
4. 掌握AJAX调用JSON接口实现网站功能的方法。
5. 掌握App调用JSON接口的方法。

10.1 任务引导

到目前为止已经完成商品展示、注册和登录、购物车、后台商品管理、后台统计等模块的开发，但都是使用 PHP+HTML 传统方式实现的。

PHP 直接输出网页的方式可以实现网站，但是如果网站想实现相应 Android、iOS App 或实现前后端分离、网页异步刷新数据，就需要提供接口供 App 或网页前端 AJAX（Asynchronous JavaScript and XML，异步 Java Script 和 XML）调用。

本任务以前后端分离方式重新实现用户信息查询、展示后台服务器接口及其调用。

10.2 知识准备

10.2.1 JSON 格式介绍

JSON（JavaScript Object Notation，JavaScript 对象表示法）是一种轻量

级的数据交换格式，它基于 ECMAScript（欧洲计算机制造商协会制定的 JavaScript 规范）的一个子集，采用完全独立于编程语言的文本格式来存储和表示数据。简洁和清晰的层次结构使得 JSON 成为理想的数据交换语言，易于阅读和编写，也易于机器解析和生成，并可有效地提升网络传输效率。

在 JSON 出现之前，大多采用 XML（Extensible Markup Language，可扩展标记语言）交换数据。XML 是一种纯文本格式，所以适合在网络上交换数据，但因 XML 格式比较复杂，后来数据交换大多采用道格拉斯·克罗德福（Douglas Crockford）发明的 JSON 轻量级数据交换格式。

JSON 语法规则如下。

◆ 并列的数据之间用逗号（","）分隔。

◆ 映射用冒号（":"）表示。

◆ 并列数据的集合（数组）用方括号（"[]"）表示。

◆ 映射的集合（对象）用花括号（"{}"）表示。

多维数组形态的 JSON 示例数据如代码 10-1 所示。

代码 10-1　多维数组形态的 JSON 示例数据

```
{
"employees": [
{ "firstName":"Bill" , "lastName":"Gates" },
{ "firstName":"George" , "lastName":"Bush" },
{ "firstName":"Thomas" , "lastName":"Carter" }
]
}
```

JSON 的优点如下。

◆ 格式比较简单，易于读写；格式是压缩的，占用带宽小。

◆ 支持多种语言，包括 ActionScript、C、C#、ColdFusion、Java、JavaScript、Perl、PHP、Python 等服务器端语言，便于服务器端的解析。

JSON 的缺点如下。

◆ 要求字符集必须是 Unicode，受约束性强。

◆ 语法过于严谨，必须遵守 JSON 语法的 4 个基本规则。

10.2.2　PHP 处理 JSON

由于 JSON 可以在很多种程序语言中使用，所以可以用来实现小型数据中转，例如 PHP 输出 JSON 字符串供 JavaScript 使用等。在 PHP 中可以使用 json_decode() 把一串规范的字符串解析成 JSON 对象，使用 json_encode() 把 JSON 对象编码成一串规范的字符串。JSON 相关函数如表 10-1 所示。

表 10-1　JSON 相关函数

函数	描述
json_encode()	对变量进行 JSON 编码
json_decode()	对 JSON 格式的字符串进行解码，转换为 PHP 变量
json_last_error()	返回最后发生的错误

需要注意的是，要想使用这些函数，需在 PHP 5.2.0 及以上版本内置 JSON 扩展。

1. json_encode()函数

json_encode()函数用于对变量进行 JSON 编码，该函数如果执行成功则返回 JSON 数据，否则返回 false，其语法格式如下：

```
string json_encode ( $value [, $options =0])
```

上述函数中各参数含义如下。

◆ value：要编码的值。该函数只对 UTF-8 编码数据有效。

◆ options：由一些常量组成的二进制掩码，包括 JSON_HEX_QUOT、JSON_HEX_TAG、JSON_HEX_AMP、JSON_HEX_APOS、JSON_NUMERIC_CHECK、JSON_PRETTY_PRINT、JSON_UNESCAPED_SLASHES、JSON_FORCE_OBJECT。

将 PHP 数组转换为 JSON 格式数据，如代码 10-2 所示。

代码 10-2　PHP 数组转换为 JSON 格式数据

```php
<?php
    $arr = array('a' => 1, 'b' => 2, 'c' => 3, 'd' => 4, 'e' => 5);
    echo json_encode($arr);
?>
```

以上代码执行结果为：

```
{"a":1,"b":2,"c":3,"d":4,"e":5}
```

将 PHP 对象转换为 JSON 格式数据，如代码 10-3 所示。

代码 10-3　PHP 对象转换为 JSON 格式数据

```php
<?php
class Emp {
public $name = "";
public $hobbies  = "";
public $birthdate = "";
}
    $e = new Emp();
    $e->name = "sachin";
    $e->hobbies  = "sports";
    $e->birthdate =date('m/d/Y h:i:s a', "8/5/1974 12:20:03 p");
    $e->birthdate =date('m/d/Y h:i:s a', strtotime("8/5/1974 12:20:03"));

echo json_encode($e);
?>
```

以上代码执行结果为：

```
{"name":"sachin","hobbies":"sports","birthdate":"08\/05\/1974 12:20:03 pm"}
```

2. json_decode()函数

json_decode()函数用于对 JSON 格式的字符串进行解码，并转换为 PHP 变量，其语法格式如下：

```
mixed json_decode ($json_string [,$assoc =false[, $depth =512[, $options =0]]])
```

上述函数中各参数含义如下。

◆ json_string：待解码的 JSON 字符串，必须是 UTF-8 编码数据。

◆ assoc: 当该参数为 true 时将返回数组，为 false 时将返回对象。

◆ depth: 整型的参数，用于指定递归深度。

◆ options: 二进制掩码，目前只支持 JSON_BIGINT_AS_STRING 。

解码 JSON 数据，如代码 10-4 所示。

代码 10-4   解码 JSON 数据

```php
<?php
    $json = '{"a":1,"b":2,"c":3,"d":4,"e":5}';
    var_dump(json_decode($json));
    var_dump(json_decode($json, true));
?>
```

以上代码执行结果：

```
object(stdClass)#1 (5){
["a"]=>int(1)
["b"]=>int(2)
["c"]=>int(3)
["d"]=>int(4)
["e"]=>int(5)
}

array(5){
["a"]=>int(1)
["b"]=>int(2)
["c"]=>int(3)
["d"]=>int(4)
["e"]=>int(5)
}
```

10.2.3 Android App 调用接口

Android 中通过 HttpPost、HttpResponse 两个类调用某一接口，再使用 JSONObject 类从返回的 JSON 数据中解析出数据给 Bean 实体类，如代码 10-5 所示。

代码 10-5   Android App 调用接口

```java
public static AboutModel getAboutMsg(Context ctx) {
    String requestUrl = WXConstants.getAboutMsgURL;
    try {
        HttpPost request = new HttpPost(requestUrl);
        HttpResponse httpResponse = new DefaultHttpClient().execute(request);
        if (httpResponse.getStatusLine().getStatusCode()==200) {
            String retSrc = EntityUtils.toString(httpResponse.getEntity());
            JSONObject json = new JSONObject(retSrc);
            String qqMsg = json.getString("qqmsg");
            String url = json.getString("url");
            AboutModel model = new AboutModel();
            model.qqMsg = qqMsg;
            model.companyUrl = url;
            return model;
        }
    }
```

```
        catch (Exception e) {
            // 自动生成的捕获异常块
            ExceptionThrowUtil.ThrowException(ctx, e);
            e.printStackTrace();
        }
        return null;
}
```

解析的 JSON 数据如下：

```
{"qqmsg":"客服QQ:111222333","url":"http://www.baidu.com"}
```

10.2.4　Web 客户端调用接口

下面将介绍如何通过 Web 客户端使用 AJAX 调用接口。

AJAX 是一种用于创建快速动态网页的技术，是一种在无须重新加载整个网页的情况下，能够更新部分网页的技术。通过在后台与服务器之间进行少量数据交换，AJAX 可以使网页实现异步更新。这意味着可以在不重新加载整个网页的情况下，对网页的某部分进行更新。传统的网页（不使用 AJAX）如果需要更新内容，必须重载整个网页。有很多使用 AJAX 的应用程序案例，例如新浪微博、Google 地图等。

Web 客户端通过 AJAX 调用接口的示例如代码 10-6 所示。

代码 10-6　Web 客户端通过 AJAX 调用接口

```
<!DOCTYPE html>
<html>
<head>
<meta charset="uft-8">
<script>
function loadXMLDoc()
{
        //1. 建立 XMLHttpRequest 对象
         var xmlhttp;
        if (window.XMLHttpRequest)
        {
                // 在 IE 7+、Firefox、Chrome、Opera、Safari 浏览器执行代码
                xmlhttp=new XMLHttpRequest();
        }
        else
        {
                // 在 IE 6、IE 5 浏览器执行代码
                xmlhttp=new ActiveXObject("Microsoft.XMLHTTP");
        }

        //2.使用 open()方法与服务器建立连接
        xmlhttp.open("GET","info.php",true);

        //3.向服务器端发送数据
        xmlhttp.send();
```

```
//4. 在回调函数中针对不同的响应状态进行处理
xmlhttp.onreadystatechange=function()
{
    if (xmlhttp.readyState==4 && xmlhttp.status==200)
    {
        var res = eval('('+xmlhttp.responseText+')');
        if (res.status == 0) {
            document.getElementById("name").value = res['data'].name;
            document.getElementById("age").value = res['data'].age;
            document.getElementById("company").value = res['data'].
company;
        }
    }
}
</script>
</head>

<body>
姓名: <input id="name"><br/>
年龄: <input id="age"><br/>
公司: <input id="company"><br/>
<button type="button" onclick="loadXMLDoc()">查询</button>
</body>
</html>
```

info.php 中提供数据接口的内容如下：

```php
<?php
 $success = array('status'=>0, 'msg'=>'success',
        'data'=>array('name'=>'sunny', 'age'=>'22', 'company'=>'minephone
network'));
  echo json_encode($success);
?>
```

代码 10-6 运行效果如图 10-1 所示。

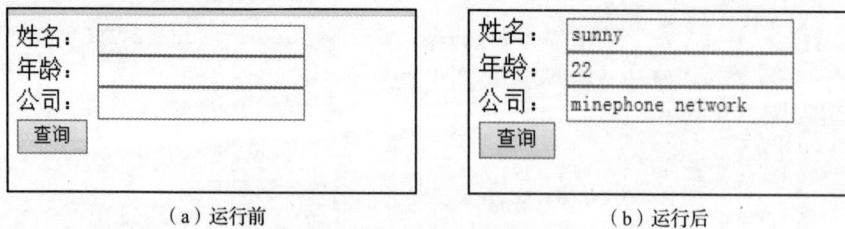

（a）运行前 （b）运行后

图 10-1 代码 10-6 运行效果

10.3 任务实施

　　移动开发主要有两种模式，一种是原生 App，另一种是 Web App。下面以 Web App 模式为例，使用接口方式重新实现用户详细信息查询。实现思路为：先准备通过 userid 查询用户详细信息的接口，实现 findUserByUseridIf($userid)，再实现 Web 客户端通过 AJAX 调用接口并且显示数据的 loadXMLDoc()。通过 JSON 接口方式实现用户详细信息查询的页面效果如图 10-2 所示。

图 10-2　通过 JSON 接口方式实现用户详细信息查询的页面效果

子任务 10-1　封装用户信息查询接口

建立 userinfo_if.php 文件，其作用是封装 JSON 格式用户信息接口，如代码 10-7 所示。

【微课视频】

代码 10-7　封装 JSON 格式用户信息接口

```php
<?php
session_start();
include "include/lg_user_if.php";

        //获取用户名
        $userid=$_SESSION['userid'];
        //输出以 JSON 格式返回的通过 userid 查询到的用户详细信息
        echo findUserByUseridIf($userid);
?>
```

建立 include 目录 lg_user_if.php 文件，实现 findUserByUseridIf()方法，供代码 10-7 调用。封装用户信息查询及更新接口函数，如代码 10-8 所示。

代码 10-8　封装用户信息查询及更新接口函数

```php
<?php
include_once "comm.php";//引入公共方法集中的公共程序文件
```

225

```
/*
* 实现数据以 JSON 格式返回
*/
function res($status=0, $msg="success!", $data="OK")
{
        $arr = array('status'=>$status, 'msg'=>$msg, 'data'=>$data);
        echo json_encode($arr, JSON_UNESCAPED_UNICODE);
}


/*
* 根据用户编号查询用户信息
*/
function findUserByUseridIf($userid){
        $strQuery = "select * from lg_user where userid = $userid"; //查询语句
        $rs = execQuery($strQuery);//调用 comm.php 中的 execQuery()函数
        if(count($rs)>0){ //判断查询是否成功
                res(0, "success!", $rs);
                        } else {
                res(1, "failed!", $rs);
        }
}
/*
*根据用户编号修改用户信息
*/
function updateUser($userid,$username,$telephone,$email,$address,$regdate){
        $sql = "UPDATE `lg_user` SET `username` = '$username', `email` = '$email',
        `address` = '$address', `telephone` = '$telephone', `regdate` =
'$regdate'
        WHERE `lg_user`.`userid` = $userid";
        echo $sql;
        $num = execUpdate($sql);
        if($num){
                res(0,"success!",null);
        }else{
                res(0,"failed!",null);
        }
}
?>
```

子任务 10-2　调用接口实现用户信息查询

代码 10-9 用 JavaScript 调用接口方式实现用户信息查询。运行后的效果如图 10-2 所示。

代码 10-9　JavaScript 调用接口方式实现用户信息查询

```
<!DOCTYPE html>
<html>
<head>
<meta charset="gd2312">
<script>
```

```
function loadXMLDoc()
{
        var xmlhttp;
        if (window.XMLHttpRequest)
        {
                // 在 IE 7+、Firefox、Chrome、Opera、Safari 浏览器执行代码
                xmlhttp=new XMLHttpRequest();
        }
        else
        {
                // 在 IE 6、IE 5 浏览器执行代码
                xmlhttp=new ActiveXObject("Microsoft.XMLHTTP");
        }
        xmlhttp.onreadystatechange=function()
        {
         if (xmlhttp.readyState==4 && xmlhttp.status==200)
         {
            //console.log(xmlhttp.responseText);
            var res = eval('('+xmlhttp.responseText+')');
             //console.log(res);

          if (res.status == 0) {
          console.log(res.status);
         console.log(res['data'].username);
         document.getElementById("username").value = res['data'][0].username;
         document.getElementById("telephone").value = res['data'][0].telephone;
         document.getElementById("email").value = res['data'][0].email;
         document.getElementById("address").value = res['data'][0].address;
         document.getElementById("regdate").value = res['data'][0].regdate;
          }
         }
        }

        xmlhttp.open("GET","userinfo_if.php",true);
        xmlhttp.send();
}
</script>
</head>

<body>

<?php include "header.php"; //调用头部?>
<div id="content" align=center>

<h1>用户信息</h1>
<ul>
</ul>

<table width="571" border="0" id="table2" >
<tr>
<td width="80" height="49"><font color="#FF0000"></font>用 户 名: </td>
```

```
<td width="166"><input border=0 name="username" type="text" id="username"/>
</td>

</tr>

<tr>
<td height="49">联系电话: </td>
<td><input name="telephone" type="text" id="telephone"/></td>

</tr>
<tr>
<td height="49"><font color="#FF0000"></font>邮箱地址: </td>
<td><input name="email" type="text" id="email" /></td>

</tr>
<tr>
<td height="49">用户地址:</td>
<td><input type="text" name="address" id="address"/></td>

</tr>
<tr>
<td height="49">注册时间:</td>
<td><input type="text" name="regdate" id="regdate"/></td>

</tr>
</table>
<center><button type="button" onclick="loadXMLDoc()"> 查 询</button></center>

</div>
</body>
</html>
```

10.4　问题思考

问题思考：iOS App 如何调用接口？

提示：查找 iOS App 发起接口与响应接口以及解析 JSON 数据的资料，并寻找与 Android App 的相同和不同之处。

10.5　技术拓展

除了使用上述方法，还可以用 JavaScript 框架 JQuery 来实现 AJAX 与后台接口的交互。

jQuery 是一个快速、简洁的 JavaScript 框架，是继 Prototype 之后又一个优秀的 JavaScript 代码库（或 JavaScript 框架）。jQuery 设计的宗旨是 "write less,do more"，即倡导写更少的代

码，做更多的事情。它封装了 JavaScript 常用的功能代码，提供了一种简便的 JavaScript 设计模式，优化了 HTML 文档操作、事件处理、动画设计和 AJAX 交互。

jQuery 的核心特性为：具有独特的链式语法和短小清晰的多功能接口；具有高效灵活的 CSS 选择器，并且可对 CSS 选择器进行扩展；具有便捷的插件扩展机制和丰富的插件。jQuery 兼容各种主流浏览器，例如 IE 6.0+、Firefox 1.5+、Safari 2.0+、Opera 9.0+等。代码 10-10 为 jQuery 调用后台接口的案例。

代码 10-10　jQuery 调用后台接口

```
<!DOCTYPE HTML>
<html>
<head>
<script type="text/javascript" src="Public/js/jquery-easyui-1.3.1/
jquery-1.8.2.min.js"></script>
<script type="text/javascript">
    $(function(){
        //单击按钮时执行
        $("#testAjax").click(function(){

//AJAX 调用处理
var html = $.ajax({
type: "POST",
url: "test.php",
data: "name=garfield&age=18",
async: false

        }).responseText;
        $("#myDiv").html('<h2>'+html+'</h2>');
    });
    });
</script>
</head>
<body>
<div id="myDiv"><h2>通过 AJAX 改变文本</h2></div>
<button id="testAjax" type="button">AJAX 改变内容</button>
</body>
</html>
```

代码 10-11 为代码 10-10 的后台接口代码。

代码 10-11　代码 10-10 的后台接口代码

```php
<?php
$msg='Hello,'.$_POST['name'].',your age is '.$_POST['age'].'!';
echo$msg;
?>
```

10.6　学习小结

为了让读者掌握使用 PHP 编写接口的方法，以供 App 或 Web 客户端调用，本任务介绍了

PHP 编写 JSON 接口的基本方法，介绍了前端通过 AJAX 技术调用接口的方法及 jQuery 框架下 AJAX 调用接口的方法，实现了用户信息查询功能。

10.7　课后练习

一、选择题

1. 有关 JSON 描述错误的是（　　　）。

A. JSON 是指 JavaScript 对象表示法

B. JSON 是存储和交换文本信息的语法，类似于 XML

C. JSON 比 XML 体积稍大，但是更快且更易解析

D. JSON 是轻量级的文本数据交换格式

2. 下列 JSON 表示的对象定义正确的是（　　　）。

A. var str1 = {'name':'ls','addr':{'city':'bj','street':'ca'}}

B. var str1={'name':'ls','addr':{'city':bj,'street':'ca'}}

C. var str = {'study':'english','computer':20}

D. var str = {'study':english,'computer':20}

二、操作题

1. 完善商城后台管理系统，使用 JSON 接口的方式实现后台商品管理的删除、更新功能，主要包括订单增加、订单查询、订单修改和订单删除功能。

2. 开发 Android 或者 iOS App，调用接口实现增加商品管理模块。